选择放下，

就能活在当下

让你顺境逆境都能自在的25帖忠告

赖淑惠 著

LET GO, LIVES IN IMMEDIATELY

中华书局
ZHONGHUA BOOK COMPANY

图书在版编目(CIP)数据

选择放下,就能活在当下/赖淑惠著. - 北京:中华书局,2010.5
ISBN 978 - 7 - 101 - 07341 - 6

Ⅰ.选… Ⅱ.赖… Ⅲ.人生哲学 - 通俗读物 Ⅳ.B821 -49

中国版本图书馆 CIP 数据核字(2010)第 050691 号

书 名	选择放下,就能活在当下	
著 者	赖淑惠	
责任编辑	焦雅君 张之光	
出版发行	中华书局	
	(北京市丰台区太平桥西里38 号 100073)	
	http://www.zhbc.com.cn	
	E - mail:zhbc@zhbc.com.cn	
印 刷	北京瑞古冠中印刷厂	
版 次	2010 年 5 月北京第 1 版	
	2010 年 5 月北京第 1 次印刷	
规 格	开本/880×1230 毫米 1/32	
	印张5¾ 插页2 字数80 千字	
印 数	1 - 10000 册	
国际书号	ISBN 978 - 7 - 101 - 07341 - 6	
定 价	20.00 元	

选择放下，就能活在当下

让你顺境逆境都能自在的25帖忠告

目录————————

第一章

你能放下多少，幸福就有多少

8. 人生是一连串没有答案的问号 / 041

第二章

因为不强求，所以顺境逆境都有快乐

9. 佐贺阿嬷VS.松下阿嬷 / 048

10. 女人懂得温柔，人生是彩色的 / 053

第三章

懂得留白，活着才是一种享受

推荐序

乐活生机，身心健康

生机饮食专家/畅销书作家

欧阳英

赖老师是"快乐断食营"长期以来的特约讲师，相较于断食营的课程主要在提倡生机养生、身体环保，而赖老师则是推广幽默风趣，注重心灵环保，洒下快乐的种子，全力以赴地散播幽默智慧的芬芳花朵！

在课堂上她总是妙语连珠、笑声连连，因为"笑"是纾解压力最好的药，在身心灵内外兼俱之下，让学员受益良多。

生机保健大多在于避毒、解毒、排毒，这与赖老师带领的"身心灵喜悦之旅"活动，真是不谋而合。倘若身体的毒素排除了，心灵的毒素却无法洗涤净化，那就称不上是真正的排毒！

有鉴于现代人各种压力缠身，导致肢体僵硬及身体上的种种疾病与酸痛；忧郁症、躁郁症等文明病大增，也造成许多社会问题与人际冲突。对于这一切，唯有回归自然有机生活，同时放下身心挂碍，才是解救之道。

赖老师将研修心理学的经历及带领身心健康营的心得，集结成一本帮助现代人学习轻松自在、乐活当下的札记。书中更极其用心地收集了防癌饮食二十招，不仅关照到人们的心灵健康，对大家的身体保健养生也一样关心。

很乐意见到这本《选择放下，就能活在当下》新书出版，此书就像一本保养心灵、洗去心灵污垢的智慧书，带给读者智慧圆满、轻松快乐；更祝福大家"只要放下，就能健康活在当下"！

作者序

放下挂碍，何等自在

一直以来，我的演讲内容和著作都是以"幽默智慧"为枝干，进而创造出的果实就是"轻松自在"。

人的一生犹如负重担行远路的人，如何将背负在我们肩上的重担，适时地一件一件卸下，走得轻松愉快，才是人生中最重要的课题。

我在演讲会场，经常以"左也布袋，右也布袋，放下布袋，何等自在"来提醒大家。不过，即使外在有形的挂碍已然放下，但是如果内在无形的挂碍依然存在，便会产生放不下、舍不得的结果，那么快乐的人生往往就变成痛苦的旅程了！

"乐在工作，爱在生活"，也是我的讲题之一。我时常呼吁大家，善用人类的本能——笑，倘若我在演讲会场上板着一张扑克脸，大概现场的听众不是睡着，就是跑光了！

　　同样道理，我经常会去逛花市，而且一定会向笑脸盈盈的老板买花。对方愉悦、灿烂的表情，往往瞬间感染了我，让我拥有好心情。人因为有快乐，才值得存在。

　　我曾经听过有个孩子兴冲冲地对爸爸说："爸爸，我的国语考九十七分喔！"

　　孩子原以为会受到赞美，却听到爸爸这么说："九十七分！还有三分哪里去了？"

　　像这样只看坏却不看好的心态，怎能活得自在快乐呢？

　　另外，还有一个故事：

　　　　一个小和尚坐在地上嚎啕大哭，满地都是写了字的废纸团。

　　　　老和尚轻声问："小和尚，你怎么啦？"

　　　　小和尚回答："我写得不好啦！"

　　　　老和尚捡起几张看："嗯……写得很好嘛，你为什么要扔掉？又为什么哭呢？"

　　　　小和尚又哭了："我就是觉得不好嘛！我是完美主义者，一点都不能有错。"

　　　　老和尚拍拍小和尚的肩膀说："事事求完

美，反而不完美了。"

反观身处红尘的你我，是否也有不少人有"小和尚"的心态，凡事都要求第一、最棒、完美无缺。

学习"轻松自在"其实是不需要什么法宝的，例如，我身边的小孙子，该玩的时候就认真地玩耍，该睡觉的时候就放心地睡觉。但是，一般人总是后悔过去、不满现在、烦恼未来，明明该拥有自在满足的人生，却流露出穷苦卑怜的面容。

> 天意美妙善缘连结，
>
> 带给人人轻松喜悦，
>
> 幽默俱乐部——
>
> 光明笑声照亮各处！

这是今年元月"幽默俱乐部"成立时的宣言。因为放松，滋生喜悦；因为幽默，笑声连绵。这不仅是讲座、课程的延续，更是有心学习"幽默智慧"的最佳道场。当我看到会员们个个脸上展现灿烂自信的笑容，肢体柔软放松，心灵自由放空，我不禁要说——轻松自在，快乐跟你同在。

选择放下，
就能活在当下

唯有放下，才能轻松自在；唯有学会放下的智慧，才能让你面对人生旅程中的任何困境，心无挂碍。

——赖淑惠

LET GO, LIVES IN IMMEDIATELY

第一章

你能放下多少，幸福就有多少

1. "接受现实"是人人必修的功课

美国心理学之父

威廉·詹姆士（William James）说：

"接受现实是克服不幸的第一步。"

　　我在美国研修咨商心理学时，有一堂研修课程所探讨的主题就是"接受"；大家可千万别小看这两个字，有些人因为一辈子无法看透而不愿接受，最后只能将一生的遗憾带进了棺木里。

　　近年来，在中国台湾地区话题不断的高铁董事长殷琪小姐，曾在一篇《工程与环境对话》的专访中提到，当她看到才刚建造完工四个月的美国塔科马海峡大桥（Tacoma Narrows Bridge）竟然被强风吹垮的画面时，她除了感到震撼，也得到了很大的启示。日后她开始学习去接受失败，告诉自己不能对失败有所排斥，因为失败将带给人们彻底地反省，以作为累积下一次成功经验的准备，并更能从此学会珍惜、感谢拥有。

接受现实，是超越困境的开始

暴风雨过后的一个清晨，有个男人到海边散步。他沿着海边走着，注意到有许多小鱼被困在沙滩的浅水洼里，游不回大海。这些小鱼少说也有几千条，如果浅水洼里的水被沙粒吸光，或是被太阳蒸发殆尽，小鱼必将全都缺水而亡。

忽然前方有个小男孩，不停地在每一处水洼旁弯下腰，捡起水洼里的小鱼，然后用力把它们扔回大海。

男人看到眼前的景象，不禁停下脚步，专心注视着这个小男孩，看他奋力拯救着小鱼的生命。终于，这个男人忍不住走过去对小男孩说："孩子，这水洼里有成百上千条小鱼，你是救不完的。"

小男孩头也不抬地回答："我知道啊！"

"那你为什么还要救呢？你做得那么辛苦，到底有谁会在乎呢？"

男孩一边回答，一边依然把一条又一条的鱼拾起，扔进大海，"这条小鱼在乎！还有这一条、这一条、那一条……"

散发大爱、看似天真的小男孩，其实并非不明白现实的困境，然而他只是全然地接受，然后在乎它，并且努力实践完成它。何必介意这一切的付出有谁在乎、有谁看见？内心的喜悦与充实，即是自己所能获得的最大奖赏和礼物。

接受现实，需要很大的勇气

在一场名为"我是谢坤山"的生命教育讲座中，我看到了一位坚韧不拔的心灵巨人。

主角谢坤山在十六岁时因一场意外，失去了一双手与一条腿，二十八岁的时候又失去一只眼睛，却在中年后成为全国知名的画家。

当众人惋惜着他所失去的时候，谢坤山却只看见自己所拥有的。

从一个平凡的人，到受到上天给予他的严峻考验，他不但没有退缩、放弃自己，反而以更积极、正向的心态，去克服一切困难、接受一切挑战。

之所以今天可以成功地站在舞台上演讲、接受掌声，纯然是由于谢坤山求胜、求生存的意志力不断地驱动着他自己。因为"接受"而生的力量，他不甘心向世间人眼中残障人士唯有沦为乞讨一途的命运投降，而始终奋力不辍，最后终能在绘画领域获得杰出的成就。

谢坤山的故事告诉我们，只要勇敢地接受自己、接受现实，便能生出自信与勇气，继而将自己推向成功的高峰。

著名人类关系专家芭芭拉·安吉丽思（Barbara De Angelis）在所写的《逆境的祝福》一书中提到：

当我们拒绝接受，关闭心门，就夺走了自己珍贵的东西，那是梦想、感受、爱和生机，那是一种失落，让我们付出超乎想像的惨痛代价！

你是否看过一种人，自觉事事不顺遂，便去找老师算姓名笔划，改掉自己的名字？我认为与其改名字，不如改变自己的心态！因为心态才是影响一个人个性乃至命运的最至关重大的因素！

更夸张的是有人不仅换名字，还换手机号码呢！有一位朋友抱怨，最近工作不太顺利，开发不到客户，所以干脆把手机号码给换了，看看运气能否好一点。这是什么歪理？如果不虚心检讨、改进自己的工作模式与心态，只是一味地怪罪名字、甚至手机号码，这岂不是本末倒置、荒谬至极吗？

> ◎某位接受兵役身体检查的年轻人对军医说："我近视很深，应该不适合当兵吧？"
>
> 军医笑答："放心吧，军方会派你到最前线，到时一定能看得很清楚的！"
>
> ◎香港某一知名购物频道的总裁，最后因为经营不当而倒台，那位总裁是这么调侃自己的，他幽默地表示："总裁，就是总是被裁的那一个。"
>
> ◎有一位外国作家是这么说失业者的，他说："被炒鱿鱼，其实是老天爷在告诉你，你根本就选错了这份工作。"

幽默俱乐部

愤怒的转弯，就是快乐

用全然接受的心，去接受上天所给予我们的任何考验与试炼，此刻内心所衍生的冲突、抗拒、拉扯，终将产生一股动力，一股向前行进的动力。

我们需深深明白：黑夜的尽头就是白天，愤怒的转弯就是快乐！所以，何不勇敢无惧地接受每一个当下的考验！

俄国诗圣普希金（Pushkin）曾写下："大石挡路，弱者视为前进的障碍，勇者视为前进的阶梯。"此句话在鼓励人们应该勇敢自信地攀附着这道阶梯，一步一个脚印地向前迈去。

电影或电视剧中，常常喜欢安排主人公回忆往日时光的故事情节，这也可看出一般人对过往岁月，总存有难以忘怀的追溯心理；但是请记住，"时光不可能回头，犹如流水不可能倒流"，面对已错失的人和事物，与其耿耿于怀、伤心懊悔，倒不如回过头来往前看，珍惜、把握今日眼前所拥有的。

人生的每一个过程都是不可能重来的，最可喜可贺的是能从遗憾失落中思索并找到自我生命的价值，继而勇敢迎接未来所有的挑战。

幽默俱乐部

　　马克·吐温来到一处小城镇演讲。演讲前，他先去理发店理了个发。

　　理发师问："你是外地人吧？"

　　马克·吐温回答："是的，头一次到这里来。"

　　理发师继续说着："你来得正是时候，今天晚上马克·吐温要来这里演讲，你会去听吧！"

　　马克·吐温很感激地回答："我正想去听演讲！"

　　理发师好心地问："你买到票了吗？"

　　马克·吐温故意摇摇头说："没有耶！"

　　理发师又说："听说票全都卖光了，你只有站着听了。"

　　马克·吐温叹气着说："哎！我的运气真不好，每次那个家伙演讲时，我都不得不站着！"

2. 右脚放下，左脚才能前进

雅虎创办人杨致远曾说："因为担心错误而犹豫，永远也无法实现自己的理想。"

"挥一挥衣袖，不带走一片云彩！"

这是徐志摩最脍炙人口的诗句，而这世上能像他如此潇洒自在的并不多见啊！

我常在演讲中提到："左也布袋，右也布袋，放下布袋，何等自在。"然而外在的布袋、挂碍已经放下，但是心中的挂碍呢？是否还是紧紧抓住，不肯放手呢！

从古至今，许多为人母者往往都曾在"掌控"与"放手"之间奋力挣扎过。以我个人为例，我有两个儿子，大儿子今年已经快四十岁了。过去的我也曾经是个忧心忡忡的母亲，孩子小的时候，担心他的功课好不好？有没有吃饱？长大后，又开始烦恼孩子的交友、工作。总之，凡是想得到的事，我通通都忧虑过。

直到有一天，我读到了这么一句话："对孩子的担心，倒不如转念成祝福。过度担心会造成负担，祝福会带来莫大的力量。"

就这样，我选择放下，放下对孩子的担心、牵挂，而在心里给予无限的祝福，因为"儿孙自有儿孙福"啊!

选择放心，孩子才能活得安心。以此与所有为人父母者分享。

选择放下，才能获得

黑夜里，有个人傻傻地站在门外，邻居看见了问："天黑了，为什么不进屋呢?"

那个人说："我找不到钥匙啊!"

邻居告诉他："门没上锁，快打开看看啊!"

但是那个人露出一脸难以置信的表情，继续发呆，傻傻伫立。

在人生的旅途中，你是否也经常有类似的状况发生? 明明不需钥匙就可以开门，却还是拼命寻找那不存在的钥匙。就如同许多人将自己的心门紧闭，却企求别人来开门，那真是本末倒置、颠倒不分的做法。

在马拉松比赛中获胜的人，是因为他放弃了自己原本跑一百公尺的速度。人生其实是一个不断选择的过程，有时明智地选择放弃，知道如何割舍，也是一种重要的智慧学习。因为在人生的道路上，知道如何割舍、如何放下，才能找到真正适合自己的道路。倘使什么都不放弃、什么都紧抓住不放，到最后反而会一无所有。

有一个人去滑雪，才第一天就摔断了腿。

那个人愤怒地说："我真倒霉，为什么不在滑雪的最后一天才摔断腿呢！"

一旁正帮他紧急治疗的医生说："你说得没错，今天的确是你能滑雪的最后一天啊！"

既然已经受伤了，再怎么忿忿不平，再怎么抱怨后悔，都是没有任何帮助的。眼前最重要的，应该要祝福和祈祷自己早日康复，同时保持身心平衡和情绪的安定。

人生是学习放下的旅程

在河岸边，有两个和尚正要渡河，正巧岸边有位姑娘也要过河。由于水流湍急，不易渡过，其中一名年长的和尚便说："姑娘，这河水既深又急，请让老朽背你过河吧！"

姑娘一听，点头道谢后，就让和尚背她过河。

过了河，年长的和尚放下了姑娘，姑娘感谢离去。

两名和尚走了一段路程之后，另一位较年轻的和尚对着年长的和尚说："师兄，出家人怎可亲近女色呢？刚刚您怎么可以背姑娘呢？"

年长的和尚听了，从容地说："我早已放下了，怎么你还未放下呢？"

唯有放下，才能轻松自在；唯有学会放下的智慧，才能让你面对人生旅程中的任何困境，心无挂碍。

幽默俱乐部

　　丈夫下班回家，妻子已准备好了晚饭。

　　妻子温柔地说："亲爱的，今晚的菜色，你可以自由选择。"

　　丈夫问："有些什么菜呢？"

　　妻子回答："只有高丽菜。"

　　丈夫问："没有别的选择吗？"

　　妻子回答："有，你可选择吃或是不吃。"

3. 你能放下多少，幸福就有多少

幸福的真正诀窍，就是活在现在。

对于一些餐会、饭局，我原先是非常排斥，一想到要吃下一堆高热量、高脂肪、高油脂的食物，身体便不禁抗议起来；后来心念一转，用餐时只选择一些蔬菜、水果，又把餐会与饭局当成一场甜蜜的约会，趁机多认识一些新朋友，增加见识。如此一来，我成了宴会上最轻松自在的宾客！

说到应酬，我想到一个小故事：

有个小朋友问："妈妈，什么是应酬啊？"

妈妈想了一会儿，回答说："应酬就是去做自己不喜欢做的事。"小朋友点点头，一脸明白的样子。

第二天，这个小朋友背起书包准备去上学，没想到，他竟回头跟妈妈说："妈妈，我要去应酬啰！"

这位妈妈如果读了这一篇文章，学会转个念头、换个角度，就会明白应酬其实可以是最轻松自在的事，还能给小朋友一次良好的教育机会，改变应酬即等同于勉强自己的负面印象。

我们的心态是可以调整、转变的，但首先是要能放下自己既定的刻板思考习惯，允许更活泼、更有弹性的思维，带给我们无穷的活力。

别为打翻的牛奶哭泣

人生就像坐火车一样，每一站都有不同的景观，在当下尽力做好，过了站，就不要遗憾。这是多么豁达的心境，但是有多少人能真正做到呢？

许多人虽然活在现在，但总是放不下过去，又对未来感到莫名的恐惧，像这样的人比比皆是啊！

有个小朋友蹲在路边哭得很伤心，一个路人见了，好心地上前询问。

小朋友哭着回答："呜……我的硬币掉进水沟了！"

路人起了恻隐之心，连忙从口袋里掏出一枚硬币，拿给了小朋友。没想列，小朋友哭得比刚刚更伤心了。

这时候，路人很不解地问："小朋友，我已经给你硬币了，为什么还哭呢？"

　　小朋友擦去了脸上的泪水，嗫嚅地说："如果我刚刚没有掉了那个硬币，现在就有两个硬币了！"

　　亲爱的朋友，你是不是常常像这个小朋友一样，为了失去、再也回不来的人和事而伤心、难过呢？"覆水难收"的故事，大家都耳熟能详，在国外有一句与此相似的成语是："别为打翻的牛奶哭泣。"

　　的确，为了已经逝去、无法挽回的事而捶胸顿足，那实在毫无任何助益。

　　有一个真实故事，一位失恋的女孩原本伤心欲绝得想结束宝贵的生命，她站在十二层楼的顶楼想往下跳，楼下有个警察一直向她挥手，这女孩死意坚决，激动地说："警察先生，你不要劝我了！我今天一定要跳楼。"

　　谁知那位警察开口说："我不是来劝你的，是楼下那个医师问你，要不要做器官捐赠啦！"这个女孩一气之下，竟然不跳楼了。后来，她来听了我的"转化情绪的效能"讲座，非常有天分的她，学会了情绪转化之后，身心也一直保持得很平衡、很宁静。

　　另有一则有趣的逸事是：

　　前美国总统里根在白宫发表演说时，夫人南茜不小心连人带椅跌落台下，引来观众惊叫，但是南茜却身手灵活地爬起来，在两百多名宾客的热烈掌声中回到自己的座位上。

　　在讲台上的里根看到夫人安然无恙，说："亲爱的，只有在我没有获得掌声的时候，你才应该像刚刚这样表演。"

　　这样的睿智与幽默，来自平常的生活态度，绝不是一两天的强迫学习；有些人花了一辈子的时间，恐怕也难有此领悟。

珍惜你身边的每个人

　　我既爱花又爱种花，不但喜欢与人分享花草世界的点点滴滴，更乐于将亲手栽种的植物赠与有缘人，因此几乎每天都会送出小盆栽当礼物。这样算起来，我每一年大约送出三百多盆植物，也就是说一年可以和三百多位有缘人因花结缘。

　　但是人生的旅途上总有来来去去的过客，今日有缘相聚一堂，明天也许就各分西东，再相逢须待后会有期。所以要珍惜"当下"：欣赏花儿灿烂之美，应趁当下；与友人聚首欢乐，应趁当下；乐善好施助人为乐，应趁当下；朋友有难福祸同当，更应趁当下。

付出愈多，得到愈多

每个人的内心都藏有一个无形的桶子，桶子里的水量每天会不断增加、减少，起起伏伏。水桶满的时候，代表心情愉快；水桶见底时，就表示沮丧失意。

每一天，请检视心中的桶子，为何而喜？为何而悲？

同样地，我们的内心也有一支无形的勺子，当赞美他人、鼓励他人时，就好像舀水到别人的水桶里，带给别人正向的能量，自己同时也能获得灌注和满足；同样地，倘若一直泼别人冷水，或是大吐苦水，让别人感染你的负向情绪，那支无形的勺子就等于往别人的桶子舀水倒掉，同时自己的桶子也正被一勺一勺舀光，损人损己，得不偿失。

这是美国专门研究人性光明面的正向心理学教授唐诺·克里夫顿（Donald O. Clifton）所研究出的"水桶与勺子理论"。

无论何时何地，"乐观思想"的神奇力量，真的威力巨大。

幽默俱乐部

王先生常搭火车到南部出差，火车常常晚点，不过这一天他却发现火车准时到站。

他连忙向列车长说："老弟，抽根烟吧！我搭了十年的火车，这还是第一次看见火车整点到站哩！"

只见列车长悻悻地说："留着你的烟吧！老兄，这是昨天的火车！"

4. 凡事不压抑，就不用SKII或玻尿酸

莎士比亚说："神给你一张脸，可是你得自己重新塑造另一张脸。"

惠娟是一名旗下拥有三千名员工的连锁企业总裁的秘书，认真尽责的她，每每将总裁交办的事项打理得圆满妥当，所以深得总裁的欢心。

但是这阵子以来，却经常见到她眉头深锁。其实我观察惠娟很久了，察觉到她虽然工作尽责，个性却十分压抑，往往将一些委屈、痛苦往肚里吞，而不懂得如何转换、释怀。

回忆起她初次来聆听演讲，当进行到一段音乐冥想时，我引导听众冥想父母恩情、内心感谢父母教养之际，现场绝大多数的听众都流下感动的泪水，我注意到惠娟也是。

像这样有一颗柔软的心的她，究竟为了什么而压抑自己？

找出压抑的来源，才能对症下药

那一天，我邀请一些亲朋好友到家中用餐，也请惠娟同来共享。她真不愧是资深的秘书人才，两三下就打点好宴客的前置作业，宾客光临时也应对招呼得十分得体。不到一个小时，惠娟几乎和所有人热络地打成一片，宾客离去后，她也主动留下来收拾整理。

我感谢惠娟的帮忙，于是赞美她很乖，没想到惠娟听了，却回答："从小，父母也是这么称赞我，但是我却一点也不快乐！"

大多数人跟惠娟一样，都有同样的"压抑来源"。

中国人传统观念中，总认为凡事不多问、不多说、安安静静的才是听话的乖孩子；于是从小，父母亲便常会告诫子女："小孩子有耳无嘴，安静一点！"

念书的时候，老师也会说："安静！用功读书。"

进入社会后，换成老板说："多做事，少开口！"

恋爱时，无声胜有声，还是不善表达，所以爱就溜走了！

分手时，两人更成为无言的结局，只留下一个遗憾、一个怨恨，全是因为没有好好沟通。

相信很多人一定会心有戚戚焉：这简直就在说自己嘛！

伴随成长，许多人早已养成凡事求好、又事事压抑的个性，随着日积月累，内心的矛盾和冲突渐渐加深，即使外在掌声不断，内心却愈来愈不快乐。

奉劝这些朋友，要常和自己沟通，听听自己心里的声音，开始进行内在的整合。这并非一蹴可就，而是要慢慢练习跟自己沟通、练习表达，才能日渐摆脱压抑的习惯。

老一辈的教诲不一定全是对的，照单全收只会把人闷出病来。唯有借助于适当地表达、适当地释放，如此一来，方可从压抑的源头中挣脱出来，重新培养正面、快乐的自己。

丢掉困扰灵魂的垃圾

在夏威夷有个古老的传说，据说出生到这世上的每一个人，都带着一只"光之碗"。

传说每个人都是带着光明、希望与梦想来到世间，如果在"光之碗"内放入一些恐惧、罪恶、怨恨的石头，就会掩盖住纯洁的光芒，美好的天性也将被阻碍而不能发光。只有去除心中的阻碍，让自己成为一盏发亮的灯火，人生才能绽放光亮。

上文提到的惠娟是一个不懂得说"不"的人，也就是所谓的"好好小姐"，虽然对每个人的请求都说"好"，但做起事来并不是那么心甘情愿。如果答应了一件实在不想做的事，又可能找借口百般拖延；心理学家指出这种行为是"被动的攻击行为"。

我对她的建议是：诚实地做自己，让自己外在行为与内心真实的天平永远平衡相等。好就好、不好就不好，千万别口是心非：因为口是心非除了造成他人的困扰，也会为自己带来一连串不必要的麻烦。

表里一致的自己虽然无法再当有求必应的好好小姐，然而确实说出心中的想法，即使直接拒绝他人请求，也好过让他人陷在捉摸不定的猜测、失望和等待的困境中！

几个星期过去后，当我再次见到惠娟，发觉她比之前更有自信，也更亮丽了！我明白她已超越了过去压抑的自己，因而得到重生，她脸庞所绽放的奕奕神采，是擦任何保养品都换不来的。

一个人抛弃了压抑障碍，显得多么轻松、自信与美丽！

如同美国哲学家怀特曼（Walt Whitman）所说的："丢掉任何足以困扰你灵魂的事。"

英国作家艾略特（T.S.Eliot）也说："开始就是结束，结束也就是开始；正是从结束之处，让我们重新开始。"

的确，让心灵改变的力量远远超过感觉与情绪吧！那是智慧与静心的结合，所有人类的伟大智慧是存在"心"里，而非脑子里；因此我们在生活中的任一时刻，都得好好检视自己的心。

踏出既有框架，迈向崭新人生

有一出法国电影《寂寞爱光临》（Not Here To Be Loved），我原本将它解读成：因为"寂寞"，所以"爱"来光临。后来看完电影才惊觉，原来寂寞总爱光临在每一个人身上。

寂寞的男主角是一名五十岁的法拍执行官，在一家探戈教室遇上了寂寞的女主角。女主角练探戈原本是想为自己婚礼开舞，未料，因练舞所结识的男主角，却带她走向一段未知的情感归宿。

男主角的老父亲成日被关在养老院，同时也关闭起自己的一颗心，只习惯以冷嘲热讽与他人互动。他的最爱就是剧中男主角，也就是他的儿子，但老人家嘴硬，迟迟不肯说出口，甚至总给男主角脸色看。

正为工作和情感深陷无奈的男主角，在一次与父亲严重的争吵中，愤而抱怨自幼父亲不听他的心声。然而当父亲在养老院骤逝，儿子为其收拾物品时，看到父亲竟还保留着自己小时候的奖杯，才觉察，原来自己竟是老爸生前的最爱。

这个故事主要描述一个人的死亡，却将另一个灵魂唤醒，勇敢踏出自己架构的框架，而迈向另一段崭新的人生。

亲爱的朋友，你是否也曾经被囚禁在压抑的牢笼中，遭桎梏的巨绳所捆绑呢？人生的道路上，处处充满着迷惑与挫折，有的如昙花一现，有些则沉重得难以负荷，这几乎是我们生活中注定不断重复上演的课题。

面对这项难题，我们何妨重新定义自己、调整自己看待世界的方式。不必为自己担心、恐惧，因为，只要以最真实的面貌站在生命的转弯处，生命将会依照原有的步伐继续向前迈进。

经过灵魂的洗礼，沉重的压抑终将逐渐流逝，蜕变之后的生命将更有朝气与自信，犹如蛹化彩蝶，翩然飞舞！

幽默俱乐部

李太太问李先生："亲爱的，我身上这套衣服好看吗？"

李先生回答："嗯……任何衣服穿在你身上都好看！"

李太太又问："那我脖子上的这条项链好看吗？"

李先生又回答："任何项链戴在你脖子上都很好看！"

李太太再问："那你说我先生好看吗？"

李先生大声地回答："太太，任何一位先生站在你的身边都好看！"

5. 所有美好或不好的, 都将过去

再难熬过的关卡, 也挺了过来, 就如同赤足走过火焰, 一切, 终会过去的。

在一次成长课程上, 某学员叙述由于父母皆外出工作, 从小便常常一个人在家, 原本一直以为自己早已习惯独处, 未料在引导下, 才觉悟到自己原来是害怕寂寞的。

原来, 承认自己害怕寂寞、内心不安, 是这么地困难、这般地痛苦, 但是我们要知道, 所谓的"困难"就是: 困在心里, 一切都艰难!

痛苦的磨炼, 将化成勇敢的力量

知名前主播马雨沛小姐, 当年在美国攻读硕士时, 意外地发现自己罹患乳癌。为了这个乳房硬块, 她动了七次手术、四次化疗, 家人、男朋友无怨无悔的爱, 是她对抗癌症的力量。后来, 她写了一本书《与癌症共舞》，翔实记录了自己抗癌的心路历程。

选择与癌症和平共存，像这样的癌症患者不知有多少；在这些与死神拔河的勇者心中，一定曾这样告诉自己："这一切终将过去！"是的，不管再痛的病痛、不管再苦的治疗过程、不管再艰难的困境，这一切最后终将会过去的！

坚持信念，超越极限

有缘结识"超越极限"行销顾问公司的梁凯恩老师，这位年轻有为的青年才三十出头，其演讲的功力与舞台上的魅力，比起我们这一群资历较深的讲师，真是有过之而无不及！可是在他风光的背后，却有一段辛酸与坎坷的往事。

从曾是父母眼中的问题少年，到如今充满魅力的演说家，梁凯恩所依靠的，除了在人生低潮中怀抱"这一切终将成为过去"的豁达信念，此外他更坚信"我要，我就能"，因而让自己从接二连三的挫败中再度站起来；更让自己从失败的谷底，攀向成功的高峰。

星云大师说："被人冷落，正是韬光养晦的时节；不受重用，亦是沉潜自修的时机！"

拒绝改变，是最大的损失

随着网络的普及，现代人互留e-mail就跟互留电话一样平常，然而有些中老年人、甚至比我还年轻的人，竟然很害怕、更抗拒这些科技文明产物。但我要说，排斥科技文明的下场，就是被淘汰；抗拒科技文明的结果，就是退步。

根据医学报导，多操作一些电器用品，能让自己的头脑更灵活、思路更活络，可预防老人痴呆。

现在是网络数位化的时代，有位知名广播人多年来收藏了一万多片音乐光碟，却舍不得将之数位化。直到光碟随着时光流逝而一片片受潮、损毁，他才猛然觉悟自己只知紧抱着收藏乐趣不放，反而成了心爱音乐的摧毁者！后来他才接受数位化技术，将一片片光碟扫入资料库，延长了收藏的年限，也让原音得以再次重现。

若是这位知名广播人继续固执己见，不肯改变、不愿跨出第一步，不消几年后，岂不是再也听不到这些珍藏多年的心爱音乐了？

运气跑了，幸运来了

统一集团总裁高清愿先生自小生长在贫困的环境，父亲在他十三岁的时候过世。当时他小小年纪，每个月仅能以十五块钱的微薄薪水，来维持母子两人的生活。

坚强的高清愿并没有因此而自怨自艾、向命运低头，反而更努力地跟着布行老板吴修齐、吴尊贤两兄弟一起打拼，并从中学习到了宝贵的经营管理方法；在累积了足够的资本之后，开始出来投资自己的事业。

这段年轻时的历练，使他深刻体验到："运气不会持续太久，因为它并不属于你。幸运要由自己创造，才能历久而不衰。"

回顾创业过程，高清愿始终不断努力创造企业生长环境。其公司最初从生产优质产品开始，但是他发现光有好产品并不见得卖得出去，于是将整个公司转型，进入流通事业的领域，朝多角化企业的方向发展。

高清愿说："贫穷教我惜福，成长教我感恩，责任教我无私地开创。"

有如此开阔的人生格局，整个企业在他的带领之下，一天比一天成长茁壮！他的成功，在于他无畏歹运，一手开创了自己的幸运！

不论好运、噩运，不论幸运与不幸，这所有的一切终将过去，虽然有时短如昙花一现，有时却漫长如漫漫长夜。这是一个过程，一段经历——一个自我成长的过程，一段自我省思的经历。

幽默俱乐部

一位老先生向神父忏悔说："亲爱的神父，在战争期间，我掩护过一个被纳粹追捕的逃兵。"

神父微笑着说："这是好事，不是罪过！"

老先生激动地说："我把他藏在地窖里，而且每个月还要他付一百马克的房租。"

神父轻拍老先生的肩膀说："你就是为了这件事，才良心不安的？"

老先生点点头，腼腆地表示："是的。神父，你明白吗？现在我很后悔，我一直都没有告诉他，二战早就已经结束了！"

6. 学习幽默，也是一种功德

马克·吐温说："幽默是轻松与诙谐的双重组合！"

一个人要成功，有三项东西不可或缺，那就是愿景、毅力和幽默！这句话出自一位知名的外国演员，也正和我这十年来不间断地传达"幽默智慧"的理念不谋而合。人称我"女幽默大师"，因为有我在的地方，就有笑声，而有笑声的地方就是天堂；当家庭、职场、社会处处都有赞美声、感谢声、欢笑声，就像身处天堂一样。

乐于每天洒下快乐的种子，全力以赴去散播幽默智慧的力量！

很多听众总会问："赖老师，幽默究竟要怎么学习呢？"或"要怎么样才会像您一样幽默呢？"

其实幽默感的培养是有其要诀的，那就是"三多"。所谓的三多，一要多听，多听取一些幽默的趣闻或笑话；二要多看，多多读取书报杂志、网络中的笑点，同时观察学习身边的幽默高手；三要多说，勇于表达，做实际的演出。一回生、二回熟，如此一来，想不幽默都很难啊！

另外，幽默的笑话一定要得体，又要蕴含教育的引喻，让大家在趣味中学习，达到举一反三的效果。

学习幽默最重要的是——亲身实地去做就对啦！

朋友丽莲的婆婆过世。当她在丧礼上说到婆婆蒙主召唤时：突然座位上传来一阵手机铃声。

此时丽莲神情自若地说："说不定是婆婆打来的，告诉我们她已经到天堂啰！"

幽默是不是无所不在呢？只要心念一转，当任何的境界来考验时，试着幽默以对，就不再有冲突！

我曾陪友人薇薇去看医生。挂号时需填写病历表，病历表中有一项家族病史栏，于是她在癌症、糖尿病、高血压、肝炎等一连串病症栏位上，快速地填上"无"。

填完表格后，薇薇竟开心得不得了："太好了！我们家的人都没有严重疾病耶！"原本的病中心情也变轻松了！

所以，学习幽默、不要冷漠；学会幽默，就会让你不寂寞！

在欧洲有一处国家公园，天然的美景吸引了一批批的游客。

园外有个告示牌，写着："检举摘折花草树木者，赏金两百欧元。"

好奇的游客问管理员，"为什么不写'偷摘花木者罚两百欧元'就好了呢？"

管理员笑着回答："如果那样的话，只能靠我的一双眼睛，但是现在，可能有好几百双的眼睛，在帮忙监督啰！"

像上述的幽默例子，在台湾也可见到。很多商店装有"录影中，请微笑"的标语，看了真是令人莞尔一笑。他们并非八股地用"此处设有监视器"来警告大家，而是以轻松幽默的方式，达到优质沟通的双向互动，值得鼓励。

幽默结善缘

多年前，在一场演讲会上，结识了同样身为讲师的戴晨志老师。戴老师同样是以推广幽默理念著称，他的著作《超幽默，不寂寞》深受读者的喜爱。常听人说"同行相忌"，但是我却要说"同行相亲"，因为我们藉由从事相同的行业，互相鼓励与打气，全然无一丝猜忌与怀疑。这份珍贵的情谊，真是上天赐予我俩最美好的礼物！

心怀幽默，让我们广结善缘，随时有好友结伴同行，人生的路上从此不寂寞，心中当然也就不再冷漠了！

以下的故事，描述了两个互相照应的好朋友为对方想出的有趣妙点子，但仅限于故事，纯粹博君一笑！

某天，美国联邦调查局的电话铃响了。

"你好，请问是联邦调查局吗？"汉克问。

联邦调查局总机说："是的，有什么事吗？"

汉克很激动地表示："我要检举大卫，因为他把毒品藏在家里的储藏室。"

"谢谢你的检举，我们会处理的。"联邦调查局总机立刻回复。

第二天，联邦调查局专员到了大卫家的储藏室。他们清空了里头所有的杂物，并没有发现任何毒品，只好全员撤回。

联邦调查局专员走后，大卫家的电话响了。"喂！大卫，我是汉克，联邦调查局的人帮你清空储藏室了吗？"

大卫喜滋滋地回答："是的，全部清空啦！"

汉克接着说："好了，现在该你打电话了，我们家花园要翻土啰！"

幽默，是爱与智慧的结晶

幽默的寓意极其深远，它是以愉悦的方式，来表现真实的自己，表达出个人的真诚、本性的大爱，以及心灵的良善，因此真正的幽默来自于内心，本意就是爱与智慧。

然而这样的表达若非出自真心，有违正义公理，那就不是幽默，而是搞笑与胡闹了！

另外，千万别用幽默的话语调侃别人，调侃别人到脸发绿，或将肉麻当有趣，这些全都要避免。

有一天，上帝要大家捡两颗石头带上山，撒旦心想："要我捡石头，我偏偏挑两颗最小的石头，看你能奈我何？"

就这样他一个人轻轻松松爬上了山，这时上帝为了要慰劳众人的辛苦，于是说：

"各位，请低下头来祷告，你们的石头将会变成馒头，那是今天的午餐！"

撒旦听了，简直快气爆了，因为他的馒头只有弹珠般大。

第二天，上帝还是要大家再捡两颗石头上山，这次撒旦学乖了，他搬了两块又大又重的石块，还费了九牛二虎之力才抬上山。

这次，上帝的旨意是：请大家将手中的石块像推铅球一样向前丢，丢得最远的人，才可享用丰盛的午餐。

这一次，撒旦听了，手脚瘫软昏倒在地上……

说话的最高艺术境界在于："一句话使人笑，一句话使人跳，一句话使人气死掉！"由此可知言语的适当有多重要！若能再加上"幽默"这一道润滑剂，就可以缩短人与人心中的距离，让人减少沟通的障碍。

幽默更是产生力量的泉源，能让人左右逢源。尤其在身处逆境时，幽默就像祷告一样，能为自己和他人带来希望与勇气，因而得以超越、穿透困境。幽默的学习，是何等重要啊！

幽默俱乐部

王先生骑脚踏车，不小心撞倒了一名路人，他扶起对方后说："你的运气真好！"

路人生气地说："你这个人真可恶！把我撞倒了，还说我运气好，你看，我的腿都流血了！"

王先生立刻回答："还说你运气不好？今天我恰好休假，平常我可是开砂石车的呢！"

7. 忧郁不是病，而是失去快乐的能力

让心情跟着天空亮起来!

国外医界归纳出关于忧郁症的十大症状，大家不妨藉此了解什么是忧郁症的特征：

1. 饮食过量、体重持续增加。

2. 活力不再、精神不振。

3. 注意力难集中。

4. 嗜睡或失眠。

5. 易怒、紧张、无法静心。

6. 白天易打瞌睡。

7. 食欲、性欲减低。

8. 对人、事、物漠视。

9. 焦虑、担心、忧郁。

10. 对他人的拒绝与批评非常在意。

通常如果你超过了五种以上症状,且时间持续两个星期以上,建议你就要采取行动寻求协助。

另外有十项拒绝忧郁的行动法则,请好好记下来,也和好友一同分享:

1.拒绝过量美食的诱惑。

2.适度地运动,活动筋骨。

3.转移注意力,从事自己喜欢的活动。

4.亲近大自然、聆听音乐。

5.学习尊重他人,不可迁怒。

6.大笑、大哭一场,尽情地发泄。

7.学习幽默风趣、去除紧张压力。

8.从过去的记忆中寻找快乐。

9.广结好友、当志工。

10.放松自己、放慢脚步。

音乐帮助放松身心

忧郁症(depression)又称作忧郁性情绪失调(major depressive disorder)。台北市立中兴医院精神科詹佳真主任表示,根据流行病学资料显示,女性罹患忧郁症的机率是男性的两倍,可能主要由于成年后的女性在家庭中扮演的角色较多元,例如被动或内向的媳妇、妻子，以及需要强势主导地位的母亲、职业妇女；如此多变且冲突的角色扮演，遂成为女性较易罹患忧郁症的主因。

也有学者指出，女性天生的内在觉察感受能力及求助行为均比男性来得高，因此也形成女性忧郁症患者求诊率高，所以被诊断为忧郁症的人数也高于男性。

为了对抗这些身心疾病，在台湾地区引进所谓的音乐治疗法、行医多年的何权峰医师表示：易有忧郁倾向的人，可听听莫扎特《第四十号交响曲》、盖希文《蓝色狂想曲》组曲、德布西的管弦乐组曲《海》；生性悲观者可听贝多芬第五交响曲《命运》、海顿的清唱剧《创世纪》或柴可夫斯基第六号交响曲《悲怆》。

音乐可作为治疗忧郁症的工具，是因为当乐音频率的振动作用于人体后，有关部位即会产生共振现象，对增强神经系统、调节大脑皮质有助益，还可促使人体分泌有益健康的生化物质，加速肠胃蠕动，增强消化机能，并使血压和心律维持正常。

知足常乐，忧郁不来

人的一生有高潮也有低潮，处在高峰期时要掌握好时机、全力以赴；跌落低潮期时，也千万别懊恼，因为这正是好好检视自己、觉察自己的最佳时机！

而压力的来源，往往是因为缺乏知足常乐的心，即欲望过多、追求完美主义、时间管理不当、爱比较和计较、过于迷信。以缺乏知足常乐的心来说，那就是"贪"，一个贪心的人是永远无法满足的，当然很难放松啰！

> 因为有你的祝福，
>
> 我真的很满足。
>
> 迎着风，迎着雨，
>
> 我们都很清楚，
>
> 有这份爱，不会荒芜，
>
> 笑看离别之苦，不再乱了脚步。
>
> 在我心深处，
>
> 因为有了爱，真的很满足。
>
> 曾经伤心无助，在人海中漂浮，
>
> 静心觉察、真心领悟，
>
> 终于不再失落。
>
> 黑暗中，人会迷路、心会迷失，
>
> 现在我最清楚，一定会有日出，
>
> 照亮前途……

另外举个切身的例子。

过去的我也常是一身珠光宝气，钻戒、耳环、项链金光闪闪，手上也戴着硕大、闪烁的宝石戒指。但戒指宝石若比其他贵妇大，担心刺激到对方；若是宝石太小，又觉得自己没面子，因此常左右为难、自陷烦恼。最后我学会了选择放下，至今已有好几年的时间，都不再戴这些"破铜烂铁"了！

到过大陆的人，一定大多听过这么一句顺口溜："不到北京，不知官小；不到上海，不知钱少；不到海南岛，不知身体不好。"

倘若一再地比较与计较，那样人生肯定没有任何轻松快乐可言。凡事斤斤计较，再好的运气与福泽，也恐将无心消受！

证严法师也开示："因烦恼而看不开、想不透的忧郁，是心灵至苦！"又提到："人生其实很简单，但人心常迷惘，以为无路可走的迷惘，遂使简单变困难啊！"

举一个关于简单生活的轻松故事，与大家分享：

有个国王，虽然掌握了全国最大的权力，每天仍然为无穷的欲望无法获得满足而烦恼着。

有一回，早起的国王在皇宫内随意闲逛，恰好走到御膳房，听到有人正哼着轻快的曲子。国王循着音乐传来的方向走去，见到一名御厨正快乐地哼着歌，做着早膳。

国王很是纳闷，一个小小的厨子竟能这么快乐，于是问他快乐从何而来？御厨恭敬地回答："国王陛下，我的快乐来自于每天努力地工作，让家人生活得快乐。我们需要的并不多，只要吃得饱、睡得好，那就够了！"

国王听了，沉思许久，想了一个计谋。首先，他派人在厨子家的门口放了一袋九十九枚的金币。

第二天厨子开门，看到一袋金币，起初高兴得不得了，数了一遍，发现只有九十九个金币。厨子再数一遍，又数一遍，最后生气地吼叫："为什么就差一个呢？为什么不是一百个金币？"

厨子愈想愈气，把家人臭骂了一顿，接下来几天，一直怀着怒气到御膳房煮菜。

这一切，国王都看在眼里，他原本要嘲笑厨子的愚昧和贪心，却突然想到，自己跟这厨子又有何不同呢？这一刻，他才恍然大悟，明明已有这么多珍贵的宝物，自己却不懂得珍惜，只一心悬挂在遥不可及且不属于自己的事物上，实在太愚蠢了！

生活愈简单，愈没有得失心；愈没压力的人，忧郁症也就愈不易上身。

有个忧郁症病人，最后得了幻想症，常常幻想自己是"蒋中正"。

有一天，这个病人很高兴地对医生说："医生，我的病好了耶，不再幻想自己是蒋中正了！"

医生听了问："那你现在知道自己是谁吗？"

那个人很大声地说："报告医生，我是宋美龄啦！"

"忧郁"与"快乐"的距离不过是"一念之间"，但是该如何跨越那一条界线，全在于自己的转念之间。只消轻轻转个念头，所有笼罩心头的乌云便会如轻烟般散去，取而代之的是内心的澄净与光明。

幽默俱乐部

有个年轻人，受不了失恋的打击而得了忧郁症，最后决定到国外散散心。

到了国外，正巧遇上了公主招亲选驸马，只见广场上聚集了一群人，年轻人也好奇地跑了过去。

原来，广场前方有一池鳄鱼潭，里面有上百条鳄鱼。

此时，国王说："各位，你们哪一个有胆量能穿过鳄鱼潭，那个人就是公主的驸马了。"

国王的话刚说完，底下有许多人正纷纷谈论着，忽然间，听到"噗通"一声，只见那名年轻人跳进鳄鱼潭，潭里的鳄鱼只只张开血盆大口、虎视眈眈地望着他，而年轻人则是奋力向前游，拼命地游到了对岸。

国王见了，非常激动，紧紧握住了年轻人的手，说："年轻人，是什么力量让你跳进这鳄鱼潭的？"

只见年轻人愤怒地说："喂！刚刚是谁把我推下去的啊？"

8. 人生是一连串没有答案的问号

人有无限的潜能,创造无

限的可能!

曾在奥运闭幕典礼上为全球观众献唱,并以"告别的时刻"

(Time To Say Goodbye)拿下金氏世界纪录,德国最畅销单曲的女

高音莎拉·布莱曼(Sarah Brightman),与歌迷分享她的人生观。

莎拉·布莱曼说:"过去几年来,我一直努力想找出人生成功

的答案,而现在,才知道,人生只是一连串的问号,却没有答案。

于是,我才开始学会放轻松来过生活。"

一只可爱的小白狗,不停地绕着尾巴转圈圈,最后筋疲力竭

地躺在地上大声喘气。这时恰巧有只大黄狗走来,问它发生什么

事。

小白狗说:"听说如果可以追逐到自己的尾巴,就可以永远

得到幸福和快乐,所以我才拼命地追逐着自己的尾巴,但是却弄

得自己好累!"

大黄狗听了,长叹一声说:"在我还年轻的时候,也听过别人

说同样的话，也曾经和你现在一样，因为过度追逐，而弄得自己疲惫不堪。最后才明白，原来当一切顺其自然之时，幸福和快乐都日夜跟随在身边！"

许多人每天追逐名利以及物质享受，但仍然得不到幸福和快乐，是否因为自己常常身在福中不知福呢？幸福和快乐本来就是生活的一部分，关键在于你我是否已经领悟，懂得停下忙碌的脚步，安然欣赏人生的艺术。

眼泪是喜悦的甘露水

在扶轮社的演讲会场上，有些人总是笑不出来。所以我请大家学习开怀大笑，因为大笑可将内在的喜悦释放出来，同时更有助于外在的放松。

一样都是大老板，有人笑得眼泪用喷的、像瀑布般宣泄而出，频频将眼镜摘下来擦拭好几回，笑到最后还跺脚、弯腰、捧腹；但是有些人却始终一副包公样，面无表情、一脸严肃。并非他们觉得不好笑，而是他们没办法释放。这是一种长久以来养成忍耐的习惯，喜怒不形于色，连笑也要忍耐！

对于这类早已习惯忍耐、压抑，且无法释放压力的人，最好要训练自己学会开怀大笑，因为笑不仅是五脏六腑的运动，对自己的心灵也是极其重要的一把钥匙。

奥修的神秘玫瑰课程，就是七天的大笑与七天的大哭，再加上七天的静心觉察观照自己。这二十一天的课程，在疯狂的大哭大笑中，所产生的震撼、感动和引爆，会让自己察觉内心的另一个自我。

其实疯狂、情绪化的自己都是自我的一部分，为什么要把自己变得像不苟言笑的包公？学习、训练自己笑出来、哭出来，才能拥抱最放松、最完整的自我。

观照内心，为什么笑不出来？为什么哭不出来？引导师会请你笑笑自己，为什么笑不出来？哭哭自己，为什么没有泪水？泪水就是甘露水，洗涤心灵、净化心灵、纾解压力、平和情绪。从这样的观照中，让自己静心，去觉察自己的心：其实静心就是一种明白。

著名的心理学家威廉·詹姆士（William James）说："我们快乐是因为我们微笑，并非因为快乐而笑。"

在我的演讲中有八项与人沟通互动的法宝，第一项就是：点头微笑，这是最好的态度，也是最亲切、最可爱的世界级共通语言。大家可以观察一些成功的企业家，是不是经常点头微笑？还是板着一张严厉的包公脸？

在此献给汲汲追求成功者一首幽默打油诗：

> 呕心沥血却得不到成功的喜悦，
>
> 潇洒一时却不能快乐一生。

苦苦追求爱情却离我远去，

拥有了财富却恍惚一无所有，

这个世界人的问题比人还多。

可不是吗？既是如此，何不面对各种境界都轻松以对呢？因为有句话说："快乐的人一定成功，然而成功的人不一定快乐。"因此，懂得轻松之道，快乐成功就在咫尺了。

柔软心，好自在

在《人间福报》上有一篇社论《台北人，辛苦了》，文中提到：欧洲人总是减少工作、增加休闲，反观亚洲人则是汲汲于增加收入、放弃休闲。中国台北的人们工作时数之长全球排名第五，但是全球竞争力指数却一再滑落，那真不是大家所愿意见到的！

有句话说："为了要征服，必得先屈服。"意思就是学习让心柔软，心柔软了，自然感到舒适自在，因而能在最佳的状态下全力以赴，成功之路也就在不远处了。

还记得第一次上台的我，拿麦克风都会发抖，后来老师给我加油打气，赐予我上台的勇气。上台后，我试着将台下的听众都当成朋友，拉近彼此的距离，加上准备充分，第一场幽默的演讲即引起大家共鸣！至今已上台讲了两千多场次，真是始料未及。

奇美集团许文龙先生过去在做生意时，曾经遇到两位个性南辕北辙的买主，两人处事用人的态度，让他印象深刻。一位买主自日本留学回来，做事认真勤快，但不知为何，货愈进愈少，每次都埋怨属下不听话、配合度不高。

而另一位买主，则每天都在公园泡茶聊天，令人讶异的是，老在泡茶的买主，货愈叫愈多，而且账务分明，每回见到许文龙总是念道："做生意不必这么辛苦，坐下来，喝杯茶吧！"

许文龙这时才了解到做生意就该知人善用，如此不但赚进金钱，还可空出许多宝贵的悠闲时间。

目前他每周只上两天班，一天进公司，听听简报、做决策，另一天则是处理奇美基金会的会务；其余的时间，大多在享受悠扬的音乐，因此有人称他为"最不像老板的老板"。

他也经常到奇美博物馆参观，却担心员工看到他有压力，便告诉员工："我不是来查勤的，只是来看博物馆内的收藏品。"

许多人肯定他经营企业的成功，我最欣赏的却是他知道以轻松的经营哲学来推展事业王国。许士军教授在演讲上曾分析说："王永庆、张忠谋、郭台铭等人都是'努力成功'，而许文龙是以轻松管理的哲学，缔造事业的成功。"

所以，有智慧的人，追求成功要努力，但是千万不要太用力。将心态调整到轻松的频率，相信成功的念力电波一定会被吸引而来。

选择放下，
就能活在当下

逆境是成长的养料。只有经历考验、磨炼、训练才能成为生命的教练。面对困境，不是等待暴风雨过去，而是学习如何在风雨中翩然起舞。

——赖淑惠

LET GO, LIVES IN IMMEDIATELY

第二章

因为不强求，
所以顺境逆境都有快乐

9. 佐贺阿嬷VS.松下阿嬷

岛田洋七说：

"那是一段虽然没钱，却充满创意、发现和笑容的日子。

我因此学会了活得快乐的方法。"

一部让日籍国际大导演北野武赞叹不已的电影《佐贺的超级阿嬷》，在台湾地区上映时，造成不小的轰动。这部电影的原著作者岛田洋七，将他童年与外婆相处的点点滴滴，结集成一本书，同时又因书中所描述刻苦励志的真实经历，有助于现代人体验返璞归真的简单生活之道，也受到书迷们的喜爱。

这部电影还请来吴念真导演做真情推荐，他提到：面对困境、抉择、生存关键的"态度"可美、可丑；可以坚定、可以柔软；可以刚烈，却也可以逆来顺受。

纯真与善良，人性的本能

佐贺阿嬷告诉小外孙昭广："豆腐煮好了，吃下肚都是豆腐，破的半价豆腐与完整的豆腐一样好吃。"

所以，昭广总向卖豆腐的小贩问："老板，有没有破的豆腐？"

在那个逝去的年代，人性的纯真与善良自然地流露，故意将豆腐戳破、才好以半价卖给昭广的小贩，就是一例。这是电影中令人感动的真情片段。

在物质匮乏的成长岁月里，享受着淳朴时代人民的善意和体贴，也让我们分享着洋溢的笑声与温暖。

其中阿嬷的至理名言更是教人难以忘怀，例如：

"对人真正的体贴是不着痕迹、不会让人尴尬的。"

"今晚不谈难过的事，天一亮，就没事了！"

佐贺的阿嬷极端犀利又乐观包容，她是"再艰苦，也要让老天笑出声音来"的不平凡小人物！

愈是简单的日子，愈是觉得幸福；愈是单纯的生活，愈是觉得轻松自在啊！

在一切都讲求功利、快速的时代，这部片子无疑是给现代人打了一剂知足、安乐的强心针！

修养柔软心，日日是好日

　　来自台湾的松下阿嬷，现年九十岁高龄的洪游勉女士，是台湾松下（前国际牌）电器创办人洪建全的妻子。她也有一套处世待人的法宝，那就是"好事放心头，坏事放水流"。

　　多么有智慧的一句话，短短十个字，道尽了人生的智慧。

　　洪游勉自觉自己已来到人生的冬季，但是仍恳切叮咛："企业的成败不在企业有多大，而是对社会有多少贡献。"

　　这一席话，更道出身为企业的开拓者的胸襟与气度，不禁令人敬佩鼓掌！

　　台湾松下的超级阿嬷将人生的十堂课，毫无保留地公开，让后辈做为学习的依据。

第一堂课：**做人**　　好事放心头，坏事放水流

第二堂课：**处世**　　多思量，想前想后想妥当

第三堂课：**夫妻**　　不要太相信，但也不要去怀疑

第四堂课：**婆媳**　　媳妇是灵凤，要与夫共事

第五堂课：**教育**　　宠猪举灶，宠子不孝，该教就要教

第六堂课：**分家**　　均分持股，有利经营权移转

第七堂课：**谈判**　　夫带妻、母携子临场观摩

第八堂课：**后代**　　吵架即沟通，吵完好情谊

第九堂课：**姊妹**　　情谊相知相惜

第十堂课：**老年**　　柔软心修养，日日皆好日

阿嬷称自己虽已来到人生中的冬天,但是心中却很温暖,也充满鸟语花香。人生走到这般境界,真是夫复何求啊?

不管是日本的佐贺阿嬷,还是台湾地区的松下阿嬷,都有一个共通点:拥有一颗快乐的心。就是这一颗快乐的心,无论置身于多困苦、多繁忙的生活,总是以乐观的态度、喜悦的神情面对。

这是老一辈的人才能拥有的生活历练与人生哲学。

现在我的身份,除了是讲师、作家、母亲,也多了一个"阿嬷"的称谓,小孙子已经一岁多了,每当看到可爱的宝宝,就想起儿子小时候的模样,这种血脉相承、家族精神的延续,真是令人感动!

台湾地区已迈入高龄化的时代,有许多老一辈的企业家纷纷放手,让第二代、第三代接手经营管理。或许放下真的很不容易,或许站在舞台上接受掌声很有成就感,但是懂得急流勇退、甚至放下的人,才是最有大智慧的。

在此与大家分享一则关于高龄长者的趣事:

养老院里三个老太太在聊天。

一个说:"最近记性不好,有一回打开冰箱门:竟想不起是要放东西,还是要拿东西?"

另一个说:"我更惨啊!有一天我在楼梯上,想不起来到底是要下楼,还是要上楼?"

第三个老太太用手敲着桌子说:"还好,我没有那

佐贺阿嬷VS.松下阿嬷

种毛病，咦……怎么有人敲门呢？"后来她起身向门口走去，边走边说："怪了！怎么不敲了？"

有个阿嬷很虔诚，一整个上午都在佛堂念着："阿弥陀佛，阿弥陀佛……"

小孙子想吃冰淇淋，在一旁不停地叫着："阿嬷！阿嬷！我要吃冰淇淋啦！"

阿嬷被吵得受不了，气得大叫："不要吵！吵死人了！"

小孙子听了，连忙说："阿嬷，我才叫你几声，你就说吵死人了！你念了一个早上的阿弥陀佛，阿弥陀佛都没有嫌你吵！"

家有一老，如有一宝，家中的长者潜藏着智慧的宝藏，值得我们多去关心、体贴和问候。毕竟终有一天，我们每个人都会老去，当手执拐杖、白发苍苍的时候，回顾自己的一生，若能有海阔天空的宽广视野，也才不枉此生。

幽默俱乐部

阿嬷每天都要看天气预报。

这一天阿嬷又在看天气预报，气象小姐说："明天天气多云，局部地区有小雨。"

阿嬷感叹到："住在局部地区的人太可怜了，那里几乎天天都下雨。"

10. 女人懂得温柔，人生是彩色的

女人的名字是"温柔"，男人的名字叫"体贴"。

洪总监是我最近在一处新兴产业拜访时所结识的朋友，第一眼看到她，解读其肢体语言，发现她的压力很大，而且讲话又急又快，音量之大，掩盖了原有的温柔。但是经由我的提醒，再加上她发挥自我改变的力量，在短短的十分钟之内，竟变成为懂得撒娇的小女人。

当时是由于一位相识多年的朋友应邀到洪总监的单位演讲，友人热情邀我前往，希望我能给他一些演讲技巧方面的建议。很开心友人的肯定与认同，于是我便也抱持学习的心态前往。

在友人演讲的中场，底下传上来一张纸条，上头写着："请不要离题！"之后，友人仍从容不迫地继续讲完，接着邀请我上台做十分钟简短的分享。上台后，我首先肯定友人上台前充分准备的认真，以及对这场演说的重视，再用简短的三分钟浓缩友人的演说精华；最后，我特别以撒娇又幽默的语气，对台下传纸条的洪总监说："以后若都以这种温柔的方式沟通，属下会更爱你！"

就这样台上、台下哄堂大笑，大家开心得不得了！

洪总监是一位工作尽责、认真严肃的主管，虽然很努力地带领属下冲业绩，但是往往给人极大的压力，让人呼吸加速，难以亲近。

我对她说："今天的社会已经不流行女强人了，温柔体贴的女人最受欢迎。"

其实，不管女人或男人，甚至不管大人或小孩，"温柔"都是一项美好的特质。

有个两岁的小孩，第一次看见蚂蚁，孩子的母亲柔声地对他说："儿子啊，你看它好乖哦！蚂蚁妈妈一定很疼爱它的蚂蚁宝宝喔！"

于是小孩就蹲在一旁惊喜地看那群蚂蚁宝宝。当蚂蚁遇见障碍物无法通过，小孩就用小手搭桥让它爬过去。一旁的母亲看了一脸欣喜，相信这个孩子长大后，必定是宅心仁厚、拥有一颗柔软心、乐于助人的人。

只有温柔和善的母亲，才能教育出敦厚的孩子！

夫妻相处，真诚相待

有个遭受家暴的妇女来做协谈，一进门就抱怨连连，一会儿怪先生不爱她，一会儿怪同事排挤，总之，口中说出的几乎找不到一句好话，句句喷铁钉，字字刺人心。在外工作奔波一整天的先生，回到家还得忍受老婆的负面言语轰炸，于是在情绪失控下出手伤人。

有一则网络故事，是有关夫妻间的相处。主角是一对新婚夫妇，丈夫看起来是个好好先生，每回妻子说什么，他总回"好、好、好"。年轻美丽的妻子一时还无法适应新娘的角色，总对丈夫颐指气使，泼辣的模样让丈夫的友人见了，不免笑说："这女人啊，就是要打才会听话哩！"

谁知那个丈夫一听，愤怒地揪住说这话的友人，劈头便说："我就是从小见着我爹痛打我娘，我发誓，今后娶妻，绝对要好好疼爱她！"

年轻的妻子听见丈夫所说的一字一句，牢记在心，从此收敛起泼辣的性情，对丈夫敬爱有加。

真是，打出来的女人嘴服，疼出来的女人心服。婚姻的相处之道，贵在互信与互重啊！

在演讲上，我最常举一则夫妻沟通的笑话为例：

有对夫妻去美术馆观赏画展，这位先生走到一幅只在重点部位贴上树叶的美女裸体画前，停留了好久。

这个时候，太太非常有智慧地说："亲爱的，等到秋天，我们再来看这幅画吧！"

用温柔又有智慧的言语，与亲密伴侣沟通，不但可避免引发情绪风暴，还能让对方口服心服地接受。

现代的女性大多很优秀，自信果决、工作能力强，就是欠缺一份属于女性的柔性风格，误以为强悍、刚毅才会有自己的一片天空；其实如果能够调整一下做法和习惯，让自己刚柔并济，可以温柔，又可以勇敢，才是最有智慧的现代女性！

逆来顺受，顺来看破

我之所以如此重视女人的温柔，是有原因的。我出生后五个月，就被送给邻居当养女，养父常年卧病在床，养母是很传统的妇女，每天早出晚归下田工作，养活一大家子，逆来顺受的坚强个性深深影响着我。

多年前，在我医疗器材事业达到最高峰时，毅然决然顺来看破，选择放下，走入修行的道路。如今藉由讲座、研习营来推广幽默智慧的学习，更是另一种修行。

古代人认为女人要"在家从父，出嫁从夫，老来从子"，现在是两性平权的时代，这种观念已渐渐式微了。取而代之的是女人要自立与独立，更要美丽，才会有魅力，更有吸引力。

温柔的女人，不仅仅是对别人温柔，对自己更要温柔。在演讲会场上，常可见到一些家庭主妇听众，从其眼神中闪烁的光芒，可知她们是极度热爱学习的，却往往为了家庭、孩子和先生，断绝了自己进修之路，十分可惜。

其实只要给自己一些时间做自我学习与成长，这些时间和精力的付出，将不只为自己带来收获，同时能让全家人受益。因为有乐于学习的妈妈，才有热爱学习的孩子，也才有幸福快乐的家庭。

在哭泣之前，有一种感受在胸中，

在此之后，眼睛产生泪水。

泪水即将如雨或瀑布般在眼中涌现，

你感到悲伤寂寞，同时或许又感到浪漫。

那是无所畏惧的第一个暗示，真正勇士的第一个征兆。

这是邱扬·创巴仁波切所开示的一段话，献给所有温柔的女人，因为你们才是真正的勇士。

女人懂得温柔，人生是彩色的

幽默俱乐部

丈夫见妻子满面愁容，关心地问："亲爱的，你怎么了？"

妻子无奈地回答："我好烦恼喔！"

丈夫惊讶地说："为什么呢？"

妻子感伤地说："因为不知道，你会陪我到什么时候？"

丈夫温柔地看着妻子说："亲爱的，请放心吧！我会陪你到天荒地老。"

妻子叹气说："这正是我担心的事情。"

11. 开心就是最好的补药

修己以清心为要，
涉世以慎言为先。

细读最景仰的作家林清玄先生的作品《打开心内的门窗》，书中提到有一回他搭车行经林立着美丽行道树的仁爱路，看到春天的木棉花是多么美呀！于是领悟到：增长智慧，是为自己开一朵智慧的花；奉献世界，为世界开一朵美丽之花。

在台湾地区，打开电视或打开报纸，都会看到许多补药广告，教大家怎样变强、变勇，怎样过了四十岁还像一尾活龙。

而在这些补药广告旁，则是另一些教人如何减去过多的脂肪、如何消除过剩营养、如何到了四十岁还拥有魔鬼身材的减肥药广告。

这真是个标准和价值混乱的时代，有一群人因为担心自己营养不足而吃补药；另一群人却烦恼自己营养过剩而减肥。

现代人正是这样自寻烦恼，才会陷入广告的迷思陷阱中。最后，林清玄先生体悟了："开心"就是最好的补药。去除担心与烦恼的意念，放下那些不足与过剩的心，才能使自己真正放松、开心。

有一则关于矿坑坍塌的故事，从中可以看出个人心态的影响力有多大。

某一矿坑因意外塌陷，坑内的五名矿工全被陷落的石块埋在坑内，当时身陷其中的矿场领班已用无线电通知救难人员，但救难人员预估需花费五个小时左右的时间，才能将崩塌的矿场挖通。

经验老到的矿场领班说："各位，现在开始每隔三十分钟，我会为各位报时一次。"

时间一分一秒过去，领班一次又一次报时，这时候坑内的空气也愈来愈少、愈来愈稀薄了……就在领班报出最后一次的时间后，其他的四名矿工仍很有毅力地支撑着，但是矿场领班却昏厥过去了！

原来这位矿场领班深谙人性，故意将报时的时间延长为一个小时，以做拖延。不过当他报出最后一次时间时，自己产生过大的心理压力，以致不支倒地；但是其他人在轻松无挂碍的心情下，终被安全救出！

　　　如春风秋月，

　　　自去自来，

　　　与心全不牵挂，

　　　我只是个我。

如能做到这般的境界，那真是达到身心灵合一的极致了！

> 人的心胸，欲望强烈就狭隘，欲望淡泊就开朗。
>
> 人的心态，欲望强烈就急切，欲望淡泊就悠闲。
>
> 人的心境，欲望强烈就险恶，欲望淡泊就平和。
>
> 人的心情，欲望强烈就忧愁，欲望淡泊就乐观。
>
> 人的心性，欲望强烈就颓丧，欲望淡泊就刚直。

人的心真是变幻多端，所以要想轻松快乐，那就非得从我们的"心"开始啰！

能舍才能得

美国石油大王洛克菲勒在三十三岁时赚到了第一个一百万美元，又在四十三岁时，建立了世界上最大的垄断企业——标准石油公司。看来事业成功、一帆风顺的他，未料在五十三岁时，因为过度烦恼和高度紧张的压力，竟然头发掉光光，变成秃头，甚至连眼睫毛也掉光了，看起来活像个木乃伊。

这是因为他经年持续过着烦恼、惊恐与高度紧张的生活。其实，是他把自己推进了坟场。

洛克菲勒紧张极了，立刻聘请最好的医疗团队，开始着手进行抢救宝贵生命的计划。最后，医疗团队的医生们立下三条看似严厉实则轻松的规定："第一条，避免烦恼；第二条，放松心情、适当运动；第三条，注意饮食。"

后来洛克菲勒为了活命，果然努力遵守这三条规定，也挽回了自己宝贵的性命。退休后他开始思考过去为了赚钱，虽然累积了许多的财富，却忽略了不少更可贵的东西，那就是"付出"。于是，洛克菲勒开始将自己过去处心积虑所获得的财产捐出一部分，用做教育基金或是研究发展的经费。

退休后的洛克菲勒一直活到九十八岁才过世，在这期间，他一直谨守着医生们的嘱咐。其实不论是富可敌国的洛克菲勒，或是任何寻常百姓，这三条守则真是最好的保命与养生法则。

美国艾森豪威尔总统有一回向全体阁员演说，他说道："如果用力推绳子，它哪儿也到不了；但是如果轻轻拉这条绳子，你要到哪里，它就跟你到哪里！"

人生也是如此，若是太用力、太心急，往往徒劳无功，也就是台语所说的"呷紧弄破碗"。何妨从现在就开始学习等待，因为等待也是生活中一个重要的过程。放慢脚步，让自己轻松自在地走在道路上，才是最有智慧、最快乐的人生。

每一天花上一点时间，什么都不做、什么也不想，当成放松身心灵的特别时段，让内心回归到最初的自己，一个单纯、自在、无忧无虑的自我。

几年前，有一位活跃于荧光幕前的烹饪老师也来参加过身心灵成长研习营，学习舒压放松以及丹田呼吸。她主持节目的架势既专业又有说服力，不过声音稍显粗哑、中气不足。经过几次研习营训练之后，她渐渐掌握到技巧，学会轻声发音，让咽喉放轻松；唯有在放松不僵硬的状况下，才能发出美妙的声音。

现在这位老师主持的烹饪节目愈来愈多，主持功力愈来愈好，当然声音也愈来愈美妙动听。大家何妨放轻松点吧！让自己犹如轻盈的气球，随风轻飘到遥远的天空中；若是像绑了石块的气球，就只能在原地摇摆，哪儿也去不成了。

轻松自在，苏醒能量

德国哲学家叔本华曾经说过："人生中的许多灾难和意外，都是我们的意志所种下的种子。"

这里的"意志"，也就是所谓的"心"。的确，有些人确实是过度杞人忧天，不断让负向的信念与画面反覆在脑海中播放，让原本即将成长、茁壮的信心种子，被满溢出的负向冷水浸湿了根茎叶，最终毁了这颗种子。

根据统计，通常我们担心的事，百分之九十九都是不会发生的。只要先将百分之一的失败机率拿开，再努力用心去完成那其余的百分之九十九，成功就更近了。

因此，有智慧的你，何妨现在就学习放宽心，扫除人生中的忧虑与担心，让自己永远开心！

三个男人漂流到一个荒岛上，捡到一个瓶子，打开瓶子后，出来了一个魔鬼。

那个魔鬼说："我在这个瓶子里被关了五百年了，为了报答你们，决定满足你们三个愿望。"

第一个男人说："我想在非洲的海滩上搂着美女，喝着美酒。"刚说完，这个男人立刻就到了非洲。

第二个男人接着说："我要去阿拉斯加豪赌一番。"说完，第二个男人也到了赌场。

第三个男人却想不出自己该许什么愿望，只随口说了一句："要是我能和他们两人商量就好了！"

刚说完，那两个男人又回来了。

12. 你也可以改写自己的"情绪程式"

拜伦说："人是微笑和眼泪
之间的摆锤。"

西班牙谚语说："没有流过泪的眼睛，很难欣赏夜里美丽的
星星！"

许多人误以为流泪是懦弱、软弱的表现；眼泪其实是洗涤心
灵的甘露水，它是增长智慧与勇气的轻松养分。

尤其在传统观念中，男孩子总被要求"男儿有泪不轻弹"，
在这样的认知下，内心的不满与压力往往无法纾解，经年累月下
来，便积压了不少负面能量在心中，进而断伤了自我！

智慧选择，转化明白

一般人总习惯于"有因必有果"的制式思维，即某一事件发
生，一定会导致某种情绪的反应。倘若更深入探讨时，则会发现

某一事件并不一定会造成某一特定的结果，而是一个人既定的观念所产生的结果与影响。

情绪的反应，通常会随着"信念"和"价值观"，而反应出既有的惯有习性。

从下面这个例子，大家会充分了解"事件——观念——结果"的模式：

珍珍的工作出了差错，她的思考模式是这样的："我把工作给搞砸了，真是太糟糕了！连这一点小事都做不好，老板一定气炸了，还有同事们都冷眼旁观，真是太惨了！"

我们可以发现，珍珍将真实的情境悲观化，所以对自己感到沮丧、焦虑。如果她只就上作出错这点来加以检讨、改善，那么这次的出错就会是下一次工作的借鉴了；若一味使自己在负面的情绪中打转，却转不出个所以然，很可能下次还是重蹈覆辙。

根据研究，有八项常被误认为正确的观念，今将之列于下，大家可自我对照，思考这些观念到底合不合理，同时对自身的心理状况有无深切的影响。

第一项：希望受到喜爱和赞美。

——事实上，没有任何人会受到每个人的喜欢和欢迎。

第二项：如果做了错误的决定，就该受到最严厉的惩处。

——犯了错，最重要的不是自责，而是自省。从错误的经验中得到宝贵的教训，那才是首要的。

第三项：事情的发展出乎意料之外，却快快不乐。

——大家总是一心期待事情圆满，其实勇于接受不圆满、十全"八"美的结局，才是最有承担、最有智慧的表现。

第四项：痛苦都是外来的，定无法避免的。

——痛苦其实是内心的投射，所以绝非外来，且由于每个人承受痛苦的程度不同，因此对痛苦的定义和来源也将因人而异。

第五项：随时随地都须防患于未然、注意每个小细节。

——再完美的演出，也会有一两处的破绽与失误；太重视细节的结果，往往难以顾全大局。

第六项：逃避困难和责任，比面对它们容易。

——鸵鸟心态至今仍是大多数人遇到问题的第一个选择，只是这些困难和责任，今日不面对、不承担，它也将会成为今后人生中的必修学分。

第七项：依赖比自己坚强的人。

——强者的肩膀虽有担当，但别忘了，强者也是从弱者累积信心和挫折磨练而来的。

第八项：无法掌控自己的情绪，因为人是情绪的牺牲者。

——情绪要转化，而非掌控，因为我们是感情的动物，而非情感的机器。

在上述八项大家常误以为正确、其实并非合理的观念中，对你影响最大的有哪几项呢？你可以依此逐一修正自己既有的观念与想法，让自我渐渐回到中心点，继而学会转化情绪，获得内在的真正平安。

一切来自感谢

多年来，在演讲会场上，我一直强调要常言"感谢"，不仅要感谢贵人，还要：

> 感谢伤害你的人，因为他磨练你的心志。
>
> 感谢欺骗你的人，因为他增长你的智慧。
>
> 感谢中伤你的人，因为他砥砺你的人格。
>
> 感谢鞭打你的人，因为他激发你的斗志。
>
> 感谢遗弃你的人，因为他教导你该独立。
>
> 感谢绊倒你的人，因为他强化你的双腿。
>
> 感谢斥责你的人，因为他提醒你的缺点。

倘若能以真心感谢他人，心境一定是平和的、心态一定是正向的、心情也一定是愉悦的，因此情绪得以保持平和，内心也就能平安了！

著名的希腊哲学家苏格拉底，有个人称河东狮的太太，但他十分懂得将自己的情绪智商提升至极高的境界。

曾有人问苏格拉底："你为什么怕太太呢？"

苏格拉底回答："我哪里是怕太太啊，不过是怕麻烦！"

真是位情绪管理的高人！

对凶悍的妻子都能给予包容、毫不动怒，无怪乎苏格拉底研究起学问来也深具耐心与毅力，因而钻研出精深的哲学思想。

情绪会传染，就像空气污染会四散一般。

开心的情绪会让大家心花朵朵开，满室芳香；而恶劣的情绪则会让大家心情低落，做什么都没劲。

唯有调整、转化情绪频道，将自己的情绪维持在智慧的频率上，才能做情绪的主人，做自己的贵人！

幽默俱乐部

　　有两个猎人一起去打猎，没多久，只见其中一人举枪射击，随即传来一阵野鸭坠地声。

　　另一个猎人说："真是好枪法，不过这一枪完全是多余的，因为野鸭从那么高的地方掉下来，摔也摔死了！"

13. 快乐，是一本用愈多愈有钱的存折

> 其实，快乐也是一本存折，
>
> 而且你用愈多，存款就愈多。

我有一本存折，我称之为"快乐存折"，只是这本存折和一般银行给我们的存折不一样，银行的存折是我们提出愈多钱，存款就愈少；但这本快乐存折则是我们提愈多出来使用，里面的存款就愈多，而且还有利息。因此，我常对人说："要帮快乐存折增加存款都来不及了，哪有时间悲伤呢？"

大家一定常常祝福他人"健康快乐"，但你可曾想过，是否更应该祝自己健康快乐呢？

有愈来愈多的科学证据显示，人是因为快乐所以才会健康。所以我们应该多做能让自己快乐的事情，比如听幽默讲座、看幽默书籍、参加"幽默俱乐部"、种花莳草、度假、听音乐会、按摩放松等。总之，尽量让自己维持在快乐中。

快乐的心情是能同时带给我们身体和心灵健康的礼物。找出自己喜欢且有助益的事，可让生活随时充满健康及愉悦。

国外知名的大脑研究学者及预防医学专家，根据医学、生物学及心理学上的研究，提出了以最少的努力与最多的快乐来维持健康的方法；并建议我们不妨多欣赏大自然的景致、闻一闻花朵芳香的气味、感受恋人温柔的触摸、观赏运动比赛、分享笑话开怀大笑，这些愉悦不但能帮助我们对抗病菌、增强免疫力，还能舒缓忧郁情绪。

随时随地利用机会把握快乐时光，会让生活充满活力。另外，认真工作、学习新事物，也都能带来快乐的效果。虽然日常生活中挫折不少，但藉着快乐因子的释放，可帮助我们抚平挫折感、安定情绪。

亲爱的朋友，每一天利用几分钟检视自己的"快乐存折"吧！而且不仅自己要快乐，也要给出你的快乐，和他人一起分享！

每一天，只要一个小小的改变，就能启动增进健康的良性循环，重新找回单纯的感动，同时带给自己快乐。试着调整改变饮食习惯、工作态度和休闲方式，就能让你感觉良好，并制造更多生活的乐趣。唯有喜欢快乐、制造快乐、拥抱快乐，才能真正享受健康。

快乐指数，创造欢乐

根据最新数据统计，台湾每三个人中就有一个人不快乐；而英国新经济基金会所公布的"快乐星球指数"，在全球，中国台湾只排名八十四名。

在欧美,研究"快乐"已成为近几年以来的显学,可知世人渐渐明白,重视生活价值、活得快乐,才是生活的中心与重点。

请问各位,"谁偷走了你的快乐?"答案就是我们自己。

台大哲学系林火旺教授表示:"过去台湾处于穷困的年代,只要能填饱肚子就觉得很快乐;但是随着经济快速发展,精神上的匮乏,让人感到无力与无意义,自然也就快乐不起来!"

林教授认为:"快乐是一种心态。"

其实,快乐更是一种习惯,一种好的习惯,因为这个习惯包含了无可救药的欢笑,和乐观开朗的正向思维。

有两个人看见桌上有半块蛋糕,乐观的人会说:"还有半块蛋糕!"悲观的人却说:"蛋糕只剩下半块了。"

因为思考模式的不同,创造出不同的思维习惯,自然也造就不同的个性和命运。如果是你,会想到蛋糕"还有半块"还是"只剩半块"呢?

以下是维他露基金会提供的"快乐指数表",大家不妨也来做做看,检视一下自己的快乐指数。

选择放下，
就能活在当下

快乐指数表

		是	否
1.	生活中的人、事、物，让我感到有趣	☐	☐
2.	获得家人的关心	☐	☐
3.	朋友常与我联络	☐	☐
4.	主动关心身边的人	☐	☐
5.	每天都有生活的目标	☐	☐
6.	有一种以上的兴趣或活动	☐	☐
7.	喜欢接近大自然	☐	☐
8.	喜欢自己	☐	☐
9.	时常面带微笑	☐	☐
10.	喜欢家人和朋友	☐	☐
11.	喜欢听笑话	☐	☐
12.	喜欢自己的穿着	☐	☐
13.	乐于赞美他人	☐	☐
14.	乐于助人	☐	☐
15.	乐于做志工	☐	☐
16.	正向思考	☐	☐
17.	每天和家人说话	☐	☐
18.	睡眠充足	☐	☐
19.	享受舒畅的深呼吸	☐	☐
20.	感恩一切	☐	☐

快乐，是一本用愈多愈有钱的存折

计分方式

回答"是"者,可得5分。

总分快乐指数

80—100分 恭喜, 也请助人快乐喔!

60—80分 很好, 继续加油!

40—60分 太求好心切了!

20—40分 别闷不吭声!

0—20分 小心得忧郁症!

快乐达人的快乐秘诀

以下摘录几位"快乐达人"的快乐秘诀：

   1. **便利商店店长**：觉得自己很幸运，就是最大的快乐！

   2. **协会理事长**：做志工，照顾弱势，懂得付出，最快乐！

   3. **大学教授**：和年轻学子一起上课，让自己变年轻，天天开心。

   4. **医院护理长**：在医院工作，看尽生老病死，所以一定要快乐！

   5. **外科医师**：救回生命垂危的病人，内心很满足，就很快乐！

这是一群"乐在工作"中的专业人士的快乐宣言，根据调查显示，最让人感到快乐的职业是：摄影师、飞行员和酒吧的侍者；而最令人感到辛苦的行业，则是光鲜亮丽的模特儿、医护人员和工程师。

对于每天"早出晚归、不累不归、回家累得像乌龟"的上班族而言，能够乐在工作中，那真是最大的快乐！

最简单的快乐，莫过于每天平安欢喜，也就是日日是好日；但既然如此，又哪里会不快乐呢？

有个大家族除夕围炉，大家长很有智慧地说："今天晚上的年夜饭有包容锅、关爱汤、宽心煲，爱心合菜摆满桌！"

用包容的心，包容自己与他人；用关爱的心，关爱自己与他人；用宽容的心，宽容自己与他人。懂得知足感恩、惜福分享，便能平安喜乐常相伴，健康长寿在身旁！

最后，送给大家一则"快乐心经"，请每天念三遍，持续念二十一天，保证你快乐没烦恼！

> 不埋怨，要感恩；不烦恼，要乐观。
>
> 不贪心，要知足；不计较，要宽宏。
>
> 不自私，要舍得；不嫉妒，要欣赏。
>
> 不恐惧，要心安；不批评，要赞美。
>
> 不发怒，要微笑；不拖延，要积极。

幽默俱乐部

　　幼稚园老师发现小朋友很喜欢扮鬼脸，决定要改掉大家这个坏习惯。

　　老师亲切地说："小朋友，在老师小的时候，也曾经对别人做出难看的鬼脸。可是我的外婆告诉我，如果把脸弄得那么难看，长大也会变成那个样子。"

　　这时候，一个小朋友大声地说："啊！老师！你一定是那个时候没有好好听你外婆的话！"

14. 因为不强求，
所以顺境逆境都有快乐

宽广的心境，

不在于环境，

而在于心态。

前几天去拜访友人，友人住在全台湾最顶级的豪宅。有趣的是，这幢豪宅占地辽阔，实在大得不得了，花上一整个下午还介绍不完。只见友人肩上背着扩音器，一副专业解说员的架势，带领着我们四处参观。

令人印象最深刻的并非宅院的壮观，而是友人身上散发出的一派轻松与自在。他热情地把自己拥有的介绍给大家，希望每个人都能一起分享。这种宽广无拘的心境实在难得，并非每个人都能有这般智慧，体会到自在与他人分享的妙处。

鲸豚沉于大海，

幽兰藏于山谷，

从容沉静于纷扰，

清明沉淀于心灵，

放下头脑的执著。

有句话说："财产可以继承，知识和智慧却无法遗传给后代。"的确，外在的一切有形资产，可以随时移转给他人；但是唯有智慧只专属于自己，没有人抢得走。

现代人真的都太聪明了，聪明过度的结果就变成"精明"。在演讲时我常说："教授'聪明'的讲师有千百个，但是教'笨'的就只有我这么一个！"

所谓"笨"，其实就是"大智若愚"，这才是"智慧"的最高境界！有智慧的笨，即是避免让自己锋芒毕露，养拙重于养巧。养拙是指重诚实、稳重、厚道处世的功夫，看起来似乎轻而易举，但是一旦真要实行，还真有些困难度呢！

这几天才刚从东莞演讲归来，特别飞回来为某协会做"幽默智慧口才"训练，地点就安排在自宅社区的会馆。

有人参观过我的住处，笑称是豪宅，于是在刚开讲时，我特别拿"豪宅"二字开个小玩笑，所谓的豪宅就是"好窄"，而且住在钢筋水泥丛林中，和监狱其实没两样。

这不仅是自我解嘲的话，我同时也在藉机传达一个观念：世俗定义是人给的，在别人口中的豪宅，也许是另外一人眼中的牢笼，端看个人头脑如何判断。因此，又何必过于执著于眼前所见的东西，或执著于头脑的游戏呢？

后来，有几位好奇的女学员误闯了我的浴室，当见到一大片的落地玻璃窗，第一个疑问居然都是："赖老师，你这样洗澡，不怕被看光光吗？"

这些念头都是出于防卫的本性。不过，我特意提醒她们："你们都忘了用心欣赏美丽的浴室，也没有抬头望一望，天花板上亮丽的水晶灯！"

过去也发生过类似的情形。我屋内布置了上百盆植物，有真有假，真真假假、假假真真，有的访客看得不真切，还要伸出手来捏捏看，仔细分辨到底是真花还是假花？这时我总会提醒："请欣赏花的美丽，放下头脑的执著，不要再有分别心了！"

迷失在头脑的游戏中，老是要区分真假、是非、黑白、高低、贵贱，难免兴起比较心理，人生的不安和不满即是由此而来。唯有大智若愚，放下尽想锋芒毕露的头脑，才能保有一颗自在的心，才是真正的智慧！

因为不强求，所以顺境逆境都有快乐

幽默俱乐部

有个植物学教授和助教正在研究新品种的植物，助教问："教授，如果在野外上课，遇到不认识的植物，你会怎么办？"

教授笑着回答，"嗯……通常我都走在最前面，再把不认识的植物通通给踩死。"

自在连系，善念牵引

这次在东莞为三百位女性企业领导演说，真是毕生难忘。因为出发前只准备去做友谊性拜访，没想到相聚后，对方的一位女企业家竟盛情邀约，请我为大家演讲。就在短短几天内，便邀集了三百位女企业家，并顺利完成租借场地、音响，设计巨幅海报、演讲DM等烦琐工作。

对方全体动员的办事效率令人佩服，既然有最好的场地、音响和最优秀的听众，当然我也为上台做好最充分的准备。

由于演讲的对象都是企业家，我也拿出看家本领，借用企业家的笑话故事做引喻，让大伙的笑脾打开。前半场几乎每一位女士都狂笑飙泪，不知情的人，还以为我施了魔法；这的确是魔法，一种打开心门、开启笑脾的妙方。

奇怪的是就在中场休息时，举行讲座的这栋大楼竟然毫无预警地停电了，可以想像，偌大的讲堂顿时漆黑一片。

若是换成其他的主办单位或主讲人，一定会说："因为停电，所以本次演讲取消。"然而，当时我的心情十分自在轻松，想到大家很难得相聚一堂，再加上女企业家盛情安排、奔波多日，自然令我不忍就此中断演讲。于是就在休息时间过后，我拜托工作人员将所有的听众再度请回到会场。

在黑暗中，全场一片肃静，虽然没有麦克风，我的音量却连坐在最后一排的人都听得非常清楚。

因为意念是会相互影响的，我用一颗自在的心和在场的每一位听众做联系、做结合，大家也能彼此相互回应，全场热烈掌声不断，终于，我在黑暗中成功完成了一场史无前例的讲座。

值得一提的是，这场讲座中有五位听众已经是第二次听我的演讲。第一次是在三年前的香港，当时现场共有七百名来自内地的听讲者。阔别三年，再次相见，她们眼中所散发出的自信神采，及热情诚恳的态度，令人十分感动。

因为善的因缘，能再重逢；因为学习的动力，让生命更热情有活力！最重要的是拥有一颗自在的心，不论身在何处都可以快快乐乐、自信十足！

幽默俱乐部

小蚊子要求母亲让它去戏院看电影，苦苦哀求了半天之后，母亲终于答应了。

但是母亲说："好吧，你可以去，不过人家鼓掌的时候，可千万要当心啊！"

15. "我很忙"永远只是懒人的藉口

亚历山大说："最忙碌的
人，往往有最多的时间！"

有一对在三峡经营农场的夫妻，前来寻求协助沟通的问题。夫妻俩一一坐定后，妻子就开始诉说对家庭的不满、婆婆的不是、嫌弃先生不爱她、孩子不听话……一直等到抱怨炮火暂缓之际，我赶紧转移话题，问："最近看了哪些书？听了哪些演讲？"

没想到她回答："我既不爱看书，也不爱听什么演讲。我很忙，每天都很忙，忙着养鸡、喂鸭，忙着种菜、种水果！"

其实她还有个最大的问题，忘了观照自己，是否也"忙着"抱怨！

在眼前，是一位很典型、很传统的母亲，将自己全然地奉献给整个家庭，却因为用错方法，造成思想、心灵、情感、肢体偏离了中心点，以至于只能用"忙碌"来填补空虚的心灵与寂寞的生活。说自己"很忙"，无疑代表着"心忙"。再加上她一开口就抱怨连连，生活上哪里还有轻松和乐趣可言呢？

　　像我从不说"忙"这个字，因为时间、行动力都是自己的思想所创造的，即使有时一天受邀三场演讲，我依然会利用休息空档到花市逛一逛，买上几盆绿意盎然的小盆栽，让自己的心情感受到绿色植物的旺盛生命力，也等于为下一场演讲充电，然后再神采奕奕地赶赴上台！

　　后来我给了这对夫妻一项重要的功课，首先请双方承诺要改变，因为改变是为了让自己及其他人过得更好；并且更进一步询问双方，是"想要"改变？还是"一定要"改变？

　　第三步，问两人需要立刻改变的是什么？那当然是"从心"，也就是"重新"；让过去的一切随风而逝，两人"从心"调整彼此的相处模式，"重新"从婚姻的路上再出发。

　　最后，我要他们两人持续二十一天做好这项功课，如果其中一人再说出负向的指责、抱怨的言语，就请捐出一百元给慈善机构。

　　最后，这对夫妻从一进门的满脸忧愁，到离去时绽放着笑靥，那轻松自在的模样，任谁看了莫不满心欢喜！

　　有个小朋友在他的作文中写着：

　　我们一家人都很忙，爷爷忙着打太极拳，奶奶忙着打坐念经，姐姐忙着打电脑，爸爸忙着打牌，妈妈忙着打人，至于我……忙着挨打！

　　这一家人不是甜蜜的家庭，而是忙碌的家庭啊！

学习掌控时间

诸如此类，用"忙"这个字当做借口的现代人比比皆是。我常常到外地演讲，有时会邀请一些朋友与我同行，一方面多认识新朋友，另一方面也可增长见识。但是，有几位友人总是一开口就把"忙"字挂在嘴边，说什么也不愿离家！

上帝最公平的地方，就是他给予每个人一天都是二十四小时，一分一秒也不差。善于利用时间的人，会为一天所需完成事项做好计划，将时间做合理分配，然后逐一完成。然而有部分的人，却老是将"忙"当成口头禅，像热锅上的蚂蚁到处团团转，将自己弄得筋疲力竭，却也未见有何成效。像这样将全部的事情往自己身上揽，而不开口寻求帮助支援的人，在生活周遭可谓屡见不鲜。

常说忙的人，极有可能不明白将工作按急缓轻重安排先后顺序的重要性，以为只要埋头苦干、一声不吭地努力完成就可以，却不知只要其中一个步骤、顺序错了，将落得全盘皆错的下场。毕竟工作延迟、失去时效性，再怎么努力追也追不回来啊！

快乐做自己的主人

大家一定非常羡慕高尔夫球名人杰克·尼克劳斯（Jack Nicklaus），可以将许多人下班后的休闲运动当成工作。但杰克说："许多人一辈子忙于工作，为的是退休后去打高尔夫；而我打了一辈子的高尔夫，为的是退休后能做一份自己喜欢的工作！"

台湾惠普董事长何薇玲小姐也提到，很多人都说，退休以后要去环游世界、学陶艺、学太极拳，她的疑问是，退休的那条界线怎么区分？什么时候才算是退休呢？就目前整个就业市场而言，有些人五十多岁即准备要退休了，但也有七八十岁的年长者依然在专业领域独领风骚。

倘若画下退休那一条界线之后，才能转换另一个人生，追求生活品质要等到退休以后才能开始，那样就太局限、太狭隘了。何薇玲小姐还举了全球顶尖管理大师大前研一的《OFF学》为例，他也是一边努力演讲，一边还是可以拥有丰富愉悦而优质的生活品质。

大前研一在《OFF学》书中，提倡上班工作就像电脑开机，一进办公室就是"ON"，当下班关机"OFF"后，做回自己，再也不要用"忙"字让自己迷失在工作的茫茫大海中；让自己掌控工作与时间而不被工作时间所掌握，做自己的主人吧！

人生是来享受的

常有听众问："赖老师，你每天飞来飞去到处演讲，怎么还有时间写书呢？"

我都是这样回答："只要有决心，一定可以找出时间写写文章！"

是啊！若脑中一直悬挂着"我很忙"三字，心态上紧抓着"我很忙"念头不放，那么肯定永远找不出时间来完成自己的理想。

所以有句话说，"忙人时间多，闲者时间不够用"，就是最好的证明。

印度奥修大师说："生活中的每一个片刻都是来享受的。"很奇怪的是，大部分的人都选择以"匆忙"来填补生活，日复一日，直到工作过量超过负荷，心茫身疲，才回过头来感叹生活无趣、找不到自己的生命意义！

如果能将匆忙的元素去掉，学会用全新的眼光、全心去投入生活中的大小事务，而非行尸走肉般、机械式地应付着每一天，你将发现这个世界变得更有趣、更可爱了。

建议大家带着虔诚的爱去生活，感觉每一个来到面前的人，是那么可爱、那么天真，因为他们都是贵人；也带着感谢心去生活，喝茶时感谢种植茶叶的茶农、制作茶具的工人、泡茶的人，因为这一切享有不会凭空降临到你我身上，千万别将它视为理所当然。

因此，身在二十一世纪的我们，再也别将"忙"挂嘴边啰！因为愈说忙，愈是让你的心茫、忙、盲、莽！

幽默俱乐部

陈先生从不帮忙太太做家事。有一次，太太生日当天，陈先生心血来潮地对太太说："老婆，你今天不用忙着洗碗了。"

太太喜滋滋地说："太好了，亲爱的老公，谢谢你的帮忙。"

陈先生立刻回答："不！今天你好好休息，碗留着明天再洗吧！"

第三章

懂得留白，活着才是一种享受

16. 愈放松，就愈有创造力

奥修说：

"创造力是生命表达它自己的方式，是一种喜悦！"

美国知名的《纽约日报》社中，某一名记者向众人叙说自己如何得到这份工作。他表示，当年面试时，他紧张万分地在办公室外等待。

过了一会儿，女秘书出来对他说："先生，我们经理要看你的名片。"

但是这个面试者没有名片，灵机一动，他拿出一副扑克牌，从其中抽出一张黑桃A，然后对秘书说："秘书小姐，请将这张牌交给经理。"

半个小时后，女秘书告诉他，他被录取了。

黑桃A，对这名记者来说，真是一张好牌！

如果换成你，在当时迫切的情况下，你会拿出哪一张好牌呢？

局限一个人创造力与生命力的最大元凶，就是焦虑。想从焦虑、紧张、空虚和沮丧的精神牢笼中挣脱出来，一定要有积极、乐观、开朗和正向的生活态度。

上述故事中的那位记者，具有临危不乱的真本事，在冷静的判断下，运用乐观与正向的思维思考，灵机一动，想出了将"黑桃A"这张王牌当作自己的名片，这无疑也成为他致胜的一张王牌。这样灵光乍现、临危不乱的表现，正好符合报社记者所需的特质，难怪成为新进记者的不二人选。

临危不乱，创意涌现

我有一位老师也是懂得运用创造力的人。有一回临上台前，大家才发现老师所穿的白长裙上头有小朋友的鞋印，原来在五分钟前，有个小孩在她怀里撒娇。

由于台下听众几乎已座无虚席，老师也没有多带上台的服装替换，大家全都急得像热锅上的蚂蚁一样不知所措。

后来我的老师灵机一动，将身上的白长裙转个半圈，让踩有鞋印的那一面转向后方，后方干净的一面转向前，就这样轻松解决难题，接着照常上场演说。

当时我们一群幕后工作人员这才卸下心中的大石块，同时也敬佩起老师临危不乱、创造力十足的机智反应。

临危不乱的创意，可以表现在生活中任何一个面向。譬如登山，原本是踏青健身的好活动，有时却也可能因为一时的疏忽、慌乱，而造成山难意外事件。

爬山的人都知道，在山上如果没有指北针，依然可以判断东南西北，那就是观看青苔生长的方向。因为青苔长在阳光照射不到的地方，因此青苔生长的方向就是北方。万一在山上迷路了，最怕的是心慌意乱、自乱阵脚；只要静下心来，观察大自然所给予的指引线索，必然可以找到下山的方向，平安归来。

可见所有的发现、所有的创造力，都是来自最沉着、最静心的时刻，在这样的状态下，才得以灵光乍现。

真诚与热忱，创意的两颗种子

在美国有一名邮差，其工作热忱与服务态度竟然影响了近两亿人！

原来，这个邮差所服务的区域中，住着一位著名的演说家，他被邮差的工作热忱与真诚的服务精神所感动，遂将邮差的故事融入演讲内容中，借由一次又一次的巡回演讲，共有两亿听众因为邮差的故事而受到激励，因而改变工作态度与思维。

这名邮差让人赞赏之处在于，他会主动拜访新搬过来的住户，关心其状况，并依其需要给予特别服务。例如，当他知道巡回演说家一整年几乎有大半时间都不在家，于是便将演说家的信件整理好，待其返家再送达整捆信件。

邮差贴心地表示："如果住户的信箱塞满了邮件，极有可能引来小偷的觊觎，而造成更严重的损失！"

就是这样一颗体贴的心、认真的态度，邮差的故事影响了两亿人，至今仍被传颂着。

每一项职业都是神圣的，每一个人来到世上都是身负使命的，这样的思考，才能让我们达成自我价值的提升。所谓自我价值，完全取决于我们致力使自己成为何种人，以及做何种事；怀有提升自我价值的意念，可激发我们生命的潜能。

由于"真"与"善"的创意与意念，这个邮差像是一个散播真诚与热忱的天使，让人感受到源源不绝的热情与能量！

知名的绘本作家几米，面对创意不足的瓶颈，都是依赖时间、坚持和规律三项功夫来克服。几米认为，能长期创作并且持续不辍者，必然是有才华的；就像云门舞集的创办人林怀民先生，一路走来，坚持了三十年！

几米鼓励创作者多看书、多体验生活、随兴创作、认真学习，才能更了解别人的高度在哪里，也为自己设下期望的目标。

由于几米的坚持与创意，在插画、绘本甚至文具上，处处可见其创作的呈现；并且随着"几米Lifestyle概念店"的成立，预料市场上又将刮起一股纯真又有创意的几米旋风。

多年前，几米曾历经一场大病痛，历劫归来的他，学会珍惜生命的可贵，开始努力实现自己创作的梦想，更加认真地度过生命中的每一天。毕竟人生不能重来，人生没有NG，让自己不后悔

的方法是：从现在开始，掌握每一天的分分秒秒。

　　亲爱的朋友，尝试发挥你的创造力与想像力，不论在生活上、工作中，你将会发现人生变得更多彩绚丽！

幽默俱乐部

　　哥哥问弟弟："你知不知道男生洗澡，为什么要把门关起来呢？"

　　弟弟摇摇头说："不知道！"

　　哥哥又问："那为什么女生洗澡，要把门关起来呢？"

　　弟弟还是摇摇头说："不知道！"

　　哥哥很得意地说："我告诉你，男生洗澡关门，是因为怕小鸟飞出去；女生洗澡关门，是怕小鸟飞进来啊！"

17. 友谊是上帝给我们最好的礼物

人与人的过往，

像时序的变化，

取或舍，看缘分，自然最好！

岁月悠悠，人生在世，人来人往，总是会遇到几个知己真心相陪，人生至此，又有何求！

这些年来，我积极推动幽默智慧讲座，每回演说结束，总会遇到几位忠诚的粉丝竞相追随，令人感到很高兴也很荣幸。在人生的道路上，有一群人默默相陪，他们有的口碑相传推荐我的讲座，有的当志工义务帮忙，还有人不时从各地寄来当地特产与我分享。

面对这一群有情有义的听众，我衷心说一声"感谢"，套用演讲台上当说的一句话，这些人都是成功的人，因为"有情万事成功，无情万事成空"。

印象最深刻的一次，有一位新加坡的住持因为听了我的有声书，特地远从新加坡飞来，当面邀请我到她的寺庙演讲。

我当时讶异不已，也为这份盛情而深深感动，于是二话不说立刻点头答应。一个月后，我依约前往新加坡演讲，赢得满堂喝彩。此次除了义讲，也特别捐出相关演讲CD及著作。

至今我仍与这位新加坡住持保持联系，很敬佩她全心投入宗教做奉献，更为当初她远渡重洋邀约之盛情而深深感谢。

常觉得自己是个幸运的人，世界各地都有朋友。"感谢"和"付出"一直是我对待朋友的态度，因此身边多是深交数十年以上的老朋友。

这个世界上所缺少的不是阳光和小雨，不是空气与土地，而是友谊与信赖。如果你对此句话深有同感，那么就该更懂得珍惜人与人之间得来不易的情谊！

友谊是世间最棒的礼物

这一次从东莞回台，行李超重，其中一项礼物是一对用特殊金属材料制成的银天鹅，一只重达二十公斤，一对天鹅就有四十公斤重，是为一位寿星所带回的生日礼物。

俗话常说"礼轻情意重"，不过这一份礼物却是"礼重情意重"，在双重"重量级"的祝福之下，这位友人收到包裹后立刻来电致谢，从他激动的声音、感谢的言语，一句"好重的礼物"，我相信当下他已明白，这是身为朋友的我所献出的一份真诚与心意。

我有一位朋友是大陆某医院的创办人,相当年轻。前不久他生日前夕,一群好友私下帮他秘密筹备庆生,当晚我也到场祝贺。由于寿星当天并不知情,霎时之间,竟然感动落泪,久久无法言语。朋友为自己花费心思制造了惊喜与快乐,人生中最贴心、最温馨的时刻莫过于此了!

然而,友情并不总是带来快乐,有时彼此沟通出了问题,便容易产生误会和不愉快。

有人说,旅行是对友谊的一大考验,这句话我也有切身的体验。十多年前,与一名女性友人结伴出国旅游。在国内时,这位友人应对都很得体,我俩的交情一直还算热络,哪知一飞离国门,抵达海外,不知是水土不服,还是不适应,朋友竟开始百般挑剔起来,一会儿嫌饭店太吵,一会儿嫌餐点难吃,身为朋友的我只好百般容忍顺从。

几天的行程下来,不仅玩得不痛快,还差点吵翻天,幸好我俩还算理性,没让外国人看笑话。奇怪的是,一回到台湾,朋友又恢复以往的得体与贴心,而友谊也才持续到现在。

大家都听过"狗咬吕洞宾,不识好人心",其实这里的"狗咬"是指"苟杳",原是吕洞宾的同乡挚友,后人将"苟杳"读为"狗咬",而一直沿用到今。

这一句话的典故,实为"苟杳、吕洞宾,彼此都不识好人心"。

原来这两个人都非常重视对方,互为对方着想,却绝口不提

相助之事，终致心生嫌隙，而后兜了一大圈子，两人的误会才化解。

所以再好的友情，也必须坦诚以对，相互沟通，彼此协调，才能让情谊长存。

幽默相待，友谊长在

年底时，因为助理秀凤的一句："这么多人都想向老师学习幽默，为何不成立幽默俱乐部呢？"

内心仿如响起一记钟声，催促着我"幽默要及时"，当下拟了一些文稿，拨了几通电话向友人寻求协助与支援。众多朋友之中，有些当场泼了好大一盆冷水，纷纷劝阻"别做这些吃力不讨好的事"；但有些朋友则给予衷心祝福并全力支持。

其中一位朋友，起初给予相当多参与社团的宝贵经验；在他退休前，最风光的时候，曾参与将近二十个社团，称呼其为"社团达人"，真是一点也不为过。

当初在拟定发起人时，也将这位朋友名列其中，然而他百般推辞，并谦称已经退出江湖多年。

我只说了一句："助人为善、助人幽默，难道害怕让人知道吗？"最后这位朋友二话不说，义不容辞地加入，并列众多发起人之一，同时号召了更多朋友来参加幽默俱乐部。

在元旦下午，幽默俱乐部正式诞生，当天与会的共有三百位

"幽默之士"。朋友们都能认同幽默的理念,同时给予全力支持与协助,内心感动莫名,因为这不但是幽默俱乐部的诞生,也是友谊情感的联系。

一直以来,身边就有很多贵人,例如,需要帮忙时,就会有一群义工来义务支援;搬家时,亲朋好友也会主动来装箱、打包。看到他们的热心付出,除了感谢、感恩,还有感动。

每位真诚的朋友都是自己的贵人,献给大家一句话,"天上最美,是星星;人间最美,是友情",在此我用最深的祝福意念,祈愿每一位好友、每个贵人好运连年!

友谊是上帝给我们最好的礼物

幽默俱乐部

两个久违的朋友小陈和小林,某日在路上不期而遇。

小陈问小林:"喂!你现在在哪里工作?"

小林说:"在医院工作啊!"

小陈又问:"在医院做什么呢?"

小林回答:"嗯……各科医不好的,都由我负责!"

小陈敬佩地说:"哇!小林,终于如你所愿,当上医百病的医生了,真是了不起啊!"只见小林笑而不语。

第二天,小陈去医院找小林,一进门,听到一名护士大声叫道:

"小林,急诊室里有两个急救无效的病人,等着你推到太平间。"

18. 笑口常开，好运一定来

福楼拜说：

"一阵爽朗的笑声，

犹如满室黄金一样，令人

炫目！"

小女孩问母亲："妈咪，为什么你睡觉的时候，也要皱眉头？"

母亲讶异地回答："真的是这样吗？"

小女孩点点头，请母亲再闭上眼睛，然后将她的嘴角往上提，接着说："妈咪，只要嘴角往上，就不会皱眉头啰！"

笑是良药

有个精神科医师发现了一种治疗忧郁症的方法，这个方法其实非常的简单，那就是在任何情况下，都要面带微笑。就这样，病人连一颗药也不用吃，一剂针也不必打，就这么"笑"好了！

国外的医院也有这样的实例。在星期天的上午，院方会召集所有的病患来到大厅，让大家观赏喜剧片。实施半年之后，病人身体康复的状况出奇的好。这是因为"哈哈大笑"可以促进免疫系统强化，如此一来，病菌都被赶跑了，身体自然健康没烦恼。

快乐有如香水，向人喷洒得愈多，自己也必染上了几滴，既是如此，那还有什么好忧愁的？所以请大家一起来念念以下这篇欢乐文章：

　　我要欢笑人生！

　　笑是人类本能，笑是天赋的礼物，笑可以促进血液循环、帮助消化。

　　哈哈大笑纾解压力，平和情绪，平安又如意！

　　有时候，我也要笑笑自己。当我悲伤的时候，我怎能笑得出来呢？

　　所以，我要学习使用"五字箴言"的力量——这也将过去，它会带领我穿越逆境。

　　当我悲伤失意时，我笑着安慰自己"这也将过去"；当我成功得意时，我更要警惕自己"这也将过去"！

　　我要欢笑人生，我要开怀大笑来庆祝生命的存在，珍惜每个当下。我用笑来装扮每一天，因为成功、快乐不是装在瓶子里的酒，不需要等到明天，只要愿意，就在此时此刻欢笑人生。

从此我要沐浴在甜蜜的感动中，只有感动的泪水，才能呈现美丽的彩虹，烙印在心中，丰富了生命！

我要欢笑人生，我不要突显自己的特别，特别聪明、特别重要。我要纯真，像孩子般的纯真，才能抬头仰望他人、接受他人。

我要欢笑人生，我是快乐小天使，轻松自在地飞翔，永远散播爱与欢笑，这是造物者的恩典，我要欢笑人生！

笑脸看人生

"微笑"和"快乐"将带来更多的友谊，认真观察"朋友满天下"的人，是不是经常像弥勒佛一样"笑口常开"呢？就因为这个笑脸，有往上翘的嘴角，像金元宝一样，吸引一群朋友，也吸引无形的友谊财富！

"笑"也可以分为数种，有孩童纯真的笑，有恋人爱慕之笑，有父母亲关爱的笑，还有师长们鼓励的笑。

除了微笑，还有露出八颗牙齿的哈哈大笑、小朋友的咯咯笑、捧腹大笑、笑到肚子痛、笑到喷口水、笑到飙眼泪。

笑，让细胞充满了快乐的能量，让思维与身体出现神奇的效果。开心是健康的泉源，更是长寿的秘方。笑能产生神奇的作用，因为笑口常开，健康快乐，是最佳的抗老妙方！

有一种"笑笑功"，是结合笑与气功的功法，由高瑞协老师所研发的。前不久，幽默俱乐部邀请他们前来演出，一时之间，哄堂大笑，笑声震耳，几乎要把屋顶给掀翻了！

"笑笑功"的功法，即笑中有气，气中有笑，目的在于以欢笑的态度启动新生命。

河南郑州的女警队，为加强微笑礼仪的训练，特地为女警们开了一堂微笑课，期使女警在执勤中微笑执法，别再摆个扑克脸。

因为这一堂微笑课，女警队全体动员，对着镜子摆出最可爱的笑脸，整个女警队的队员个个笑容满面，更显得年轻有活力！

请问你有多久没有大笑了呢？有多久没有像孩童一样，放肆大笑、开心畅快！当笑声荡漾、像孩子般纯真时，不仅是种全然释放，也是陪伴自己、爱自己的表现。

曾经听一位朋友谈到他经常去逛的夜市里，有一个卖鸭舌头的小摊，生意特别好，他们是几十年的老字号，鸭舌头卤得可口，这自然是吸引客人前来的原因之一，但还有更重要的一点：老板总是笑脸迎人。有时候鸭舌头卖光了，老板还会向没买到的客人赔不是，并先帮客人预留明天的卤味。

这摊卤味总是大排长龙，主要就是因为老板笑口常开，嘴角往上翘，就像金元宝一样，把客人统统吸引过来，生意自然抢抢滚！

另外，一项针对男女交友的研究指出，脸上常带着笑意的男女，比老是一张扑克面孔的人容易结交到异性朋友。所以，想在恋爱的道路上畅行无阻的人，一定得露出诚意的笑容，展现最诚恳的心意，这才是结交异性朋友的第一步。

人生在世，不过是"生老病死、喜怒哀乐、爱恨情仇、悲欢离合"这十六字的运转轮回，何不开放心门，张开大口，打开笑脾，大笑三声"哈、哈、哈"，让笑声充满耳边，好运必然近在眼前，因为"笑口常开，好运一定来"！

幽默俱乐部

强强最近养了一条狗，取名"好运"，希望"好运"能带来亨通的财运。

过了一段时间，强强发现自己还是欠了一屁股的卡债，仔细一想，才明白原因所在——原来每天离家上班前，他都对着那只小狗说："再见啦！好运！"

19. 你是否能听见花开的声音?

学习和花相处，与花对话，

让爱的能量从感觉中苏醒过来！

我是个爱花之人，在"拈花惹草"之余，不免也吟诗咏叹一番：

人生得意须惜福，

莫使福尽空叹息。

天生本性慈悲喜，

缘起缘灭因由在。

历经几番寒彻骨，

怜香惜花费心思。

风风雨雨忆前程，

是非成败转头空。

朋友非常羡慕我每天都住在花园里，而我总是微笑着回答：

"我做得到，相信你也一定做得到啰！"

真的，一点也不难！只要用点巧思加上创意，就可以绿化环境，同时绿化心灵。

我经常用花和植物作为协商整合的教材，邀请寻求协助者看看露台上翠绿盛开的花草树木，请他沉静用心观看，这一个时刻，通常是对方放松肢体最佳的时候。

而后，我会再请对方用手抚摸叶子与花瓣。从伸出手到接触，这是一种与大自然连结的整合，同时也能唤醒我们心灵中的柔软。

借由欣赏植物，将唤醒人的感觉、爱心，以及与人的联系。

因此，我总鼓励意志消沉的学员，每天抽空去欣赏花，最好一星期买一束花，亲自插一盆花，学习和花相处，与花对话，让"爱"的能量从感觉中苏醒。借由花草植物培养"柔软心"。因为心太封闭、太僵硬，才会与外隔绝，一定要勇敢地将这一道心墙推倒！

因花朵而丰富生活，因植物而绿化心灵

我不仅爱花，更爱赠花，将亲手栽种的心爱小盆栽转赠他人时，心中的喜悦即刻涌现，因为朋友们将因花而丰富生活、因植物而绿化心灵。

不过，有些朋友对于养花总是敬谢不敏，通常最大的恐惧是：万一花儿枯萎了、凋谢了，怎么办？

遇到这种情况，我便会说："花儿本来就和人一样，生生灭灭，所以会枯萎、会凋谢，都是很正常的。只要接受它们，就是爱花的表现。"

我也因在种花的过程中，经历了花草的生生灭灭，因此对死亡已不再恐惧，反而产生一种对死亡的淡泊和豁达，因为花儿让人明白：死只是一种自然现象、一种自然定律，它是生命的事实与过程，更是宇宙中亘古不变的真理。

这正是所谓的：缘来缘去、缘起缘灭、缘起缘续！

> 生命是湍急的流水，
>
> 人类随波逐流，
>
> 最后终将追随招魂曲归去。
>
> 而死亡究竟是生命的冻结，
>
> 或是延续，
>
> 像迷雾般的疑惑，
>
> 就用智慧的灵魂和安定的心灵，
>
> 找出最终的答案。

所以，过去是"因"，学会不后悔，时时感恩报恩；当下是"缘"，永远要快乐，积极行动幸福；未来是"果"，体悟不恐惧，充满希望光明。

你是否能听见花开的声音？

破蛹彩蝶，美丽人生

我最爱花，对于花可以全然付出，就算双手变粗、皮肤晒黑也无所谓。我以专注、静心、毅力以及真诚的心，和植物做心灵上的交会；而花草所给我的回报，是知足、安定与身心灵的和谐与提升。

养花犹如养孩子一般，花草浇水过多，根部就会腐烂；忘了浇水，花草可能干枯而死。好比亲子问题，宠爱过多，让孩子迷失自己，疏于管教、爱得不够，孩子的内心便会像花儿一样枯萎。

生命的过程，不可能都是风平浪静的，当生命中的暴风雨席卷而来，我都会将它想像成是一份成长的礼物，是一股成长的力量。

人生中的狂风暴雨，是为了洗涤心灵上的污点与创伤。经历强劲的吹拂、刷洗，才能像破蛹而出的彩蝶，经过蜕变成就美丽人生。

一花一世界，一叶一如来。在花草世界里，我找回自我，同时也更认识自己。

> 我的心是柔软的沙滩，
> 湛蓝的海水闪闪发亮。
> 我的心是柔软的小草，
> 翠玉的绿地绵延不断。
> 我的心是柔软的棉花，
> 纯白的棉絮温暖宜人。

我的心是柔软的叶片，

枯叶原是心情的珍藏。

找一棵大树坐下来吧！春天和煦的阳光，夏日沁凉的蝉鸣，秋日凉爽的微风，冬日温暖的冬阳，都藏在菩提叶里，都藏在椰林树下。

因为花草，学会放松，释放压力，所有的不安与烦闷，将全随着花开花落而消逝无踪。

杏林子曾在散文中描写一段玫瑰花与日日春的对话，两者对于春天的定义有所不同。

玫瑰花说："我只在春天开花！"

日日春却说："我开花的每一天，都是春天！"

人生中的种种过往，不见得事事圆满，且记住美好的回忆，犹如种花一般，花开花谢，请记住花开灿烂的笑靥，而非花落凋零的凄惨景象。

腊月时节，台湾山野如阳明山的竹子湖及仁爱乡雾社，称得上是台湾两大赏樱圣地，尤其雾社更有台湾樱都之称。

山野中缤纷的樱花盛开，一棵棵的樱花树，像是一个个报春的天使，提醒着我们，冬天即将过去，而春天就要来了！

我曾到过日本赏樱，从九州的南端，一直到北海道，灿烂的绯寒樱俨然形成一片樱花海，让人不禁感谢大自然神奇的恩典，送给人类这份最美丽的礼物。

像日本人那般珍惜樱花短暂的生命，尽情陶醉樱花树下相聚同乐的心情，真是十足的"樱花恋"啊！

请大家珍惜与花相聚的机会吧！何妨和春天有个约会，当春暖花开之际，用心聆听花开的声音！

幽默俱乐部

训导主任在教室里大声宣布："请班长选三个人出来，我要搬花。"

于是，班长很认真地在班上票选出三个漂亮的正妹。

这三个漂亮的正妹，很害羞地问主任："请问主任，我们要做些什么事呢？"

训导主任回答："你们三个，跟我去训导处'搬花'！"

20. 幸福的小王子

把自己交付给梦想，

再和它一起成长。

新生命的诞生是旧有生命的传承与延续，从中你可感到一种无法言喻的神奇力量。西班牙就有句谚语说："孩子是天上掉下的礼物，要好好珍惜，才能保存！"

每个人内心里，都有一个纯真的小孩，随时等着探头出来，等着到外头的世界玩耍！

你内在的小孩一定等待了很久，很想好好出去玩一玩，偏偏太有责任感的你放不下、抛不下手边一堆的工作。这似乎是成人世界的责任与义务，也可以说是无奈与感伤。

没有学不会，只有不去学

许多人总是自我设限，有个老师问："会弹琴的人，请举手。"

全场大概有三分之一的人举手。

接着老师问其余三分之二没有举手的人："你没有学过钢琴，怎么知道自己不会弹琴呢？"

这就是一般人"没有学过，所以不会"的心态，倘若改成"学过，就一定会"，是否让人更有行动的驱力和信心呢？

因为压力，所以失去活力；因为鼓励，所以神采奕奕！

当年智商测试高达一四八，世上仅有百分之二的人有此聪明才智的华裔神童张世明，幼年时曾写一首"泡泡诗"：

　　　　站在凉台，

　　　　出神仰望苍穹，

　　　　思维在银河间遨游，

　　　　去窥破惊愕的疑题！

令人惋惜的是，在七年苦读拿到博士后，他的天才梦却也破灭。年纪轻轻的张世明，毕业后无法适应美国的环境和工作压力，导致心理压力过大，性格变得孤僻。

在和心魔纠缠五个寒暑后，张世明因糖尿病引发败血症身故，结束传奇而短暂的一生。父母最疼爱的天才小王子，就这样随着来不及实现的梦想，消逝在人世间。

用鼓励与肯定，快乐成长

回想自己刚出生五个月时，就因家中孩子众多，父母把我给了邻居做养女。

小小年纪的我，看到养母每天下田辛苦的身影，很是心疼！于是童心大发，每每在养母辛苦疲累一天回到家里时唱歌跳舞逗她开心。起初她理也不理，我还是不死心，持之以恒继续表演。

终于有一天，养母被我的努力所感动，打开金口，"哈、哈"笑了出声！如今回想，就因为当年她的一个开心笑容，给了我莫大的肯定与鼓励，才促成今天的我，有充足的信心站在舞台上精彩地演出！

父母的一个眼神，一句话语，一个动作，都可能影响孩子的一生！

美国教育家桃乐丝·诺帝在《你给孩子什么样的环境》一文中，将父母亲对子女教育的重要性，做了以下注解：

在幸福中长大的孩子，前途美好。

在鼓励中长大的孩子，拥有自信。

在赞美中长大的孩子，学会感激。

在诚实中长大的孩子，充满正义。

在知识中长大的孩子，明白事理。

期待自己拥有什么样的小孩，那就请先从自己做起，让小孩有学习的好榜样。

"良言一句三冬暖，恶语伤人六月寒。"身为父母长辈即使训示子女，也不可脱离情绪管理的绳索而破口大骂，如此不仅伤了孩子的心，更拉远了彼此爱的距离！

不比较，亲子互动没烦恼

幸福的小王子，日复一日长大成人，渐渐也必须度过人生许多重要的关卡，像是学业、交友、事业、婚姻。

如今的孩子，有了电脑与网络的"加持"，比起当年的我们真是聪明许多；但是也由于电视、电脑与电话，孩子习于活在虚拟的世界中，原本的活泼可爱逐渐变得沉迷与僵化。

家庭亲子的互动关系是极其复杂的，有的父母误以为亲子间最好永远是快乐的，其实这样的想法不全然正确。亲子间同样也会产生焦虑、挫折与敌意的情绪反应；孩子任何一种天生的本能反应，为人父母者最好都能予以接受与包容。

教养孩子，不必急于和邻家的孩子一较高低，所有的比较都不重要。最重要的是培养孩子正面的人格特质、正确价值观、积极的态度、创意的想法、情绪的管理、良好的人际关系。懂得照顾自己、关怀别人，才是孩子迎向未来最宝贵的根基。

好比一棵大树，从一颗种子种在泥土里，我们需为它浇水、给它养分，慢慢等长成一株小树苗时，还要帮它除虫、除草；遇上日晒雨淋、风吹雨打，小树还要能通过各种磨练与考验，才能成长壮大，成为一棵大树。

孩子也是一样，需要历经各种磨练与考验才能成熟茁壮，为他担心，不如给他信心；替他忧心，不如教他恒心！

有一个幸福的小王子问："妈妈，糖果是公的，还是母的？"

妈妈一头雾水，答不出来？

幸福的小王子骄傲地说："糖果当然是母的啊，因为糖果会'生'蚂蚁！"

在充满爱与幸福的成长环境下，小王子的纯真与单纯，总能藉由生活上的点点滴滴，激发出幽默又富趣味的想像力与创造力。

全世界阅读总人数仅次于《圣经》的《小王子》一书，作者圣修伯里总是毫不留情地斥责大人世界的匮乏："大人就是喜欢把事情解释得清清楚楚。""大人只有透过数字，才会对人有所了解。"

纯真的小王子在拜访大人们后，总结一句话："大人真奇怪。"

的确，在成人的世界里，会将很简单的事情复杂化；或是明明有直路可到达的地方，偏偏要兜上好大的圈子。

有个天真的小朋友拿了一叠玩具钞票，到玩具店买玩具，最后选了一架玩具飞机。

当他拿了那架玩具飞机去柜台结账，女店员说："小朋友，你的钱不是真的耶！"

小朋友说："那你的飞机难道是真的吗？"

童稚的心，单纯又可爱，常令人莞尔一笑！也为远离孩童多年的我们，平添几许轻松自在的惬意！

幽默俱乐部

五岁的小表弟，收到的生日礼物是一只黑白相间的可爱猫咪。不过，小表弟却不理那只猫咪。

最后他才说出原因："因为妈咪说，身上有纹身的，都是坏人啦！"

21. 飘逸衫与绑脚裤

太注重名牌，会忽略了内在真正的需求，而变得不自在。

服饰最足以代表一个人的自信与专业度，像是保险业的女业务员，往往就是一袭窄裙套装，总给人有精神、活力的感觉。

服装是用来宠爱自己的，穿出舒适与自信，可为自己加分；穿出优雅与飘逸，有美化视觉的作用。

我常常上台演讲，由于演讲内容偏向于幽默及身心灵议题，所以我选择以轻柔飘逸的雪纺纱布料做为上台服装，再穿上轻便利落的绑脚裤，希望能给人一种没有束缚、轻松的感觉。

提到绑脚裤，有一回在某个聚会上，遇到一位在扶轮社听过演讲的社友说：

"赖老师，你的演讲生动有趣，不过最令我印象深刻的，就是你穿的绑脚裤！"

其实"绑脚裤"最早是清代的男士所穿着的裤装。听他这么一说，自己也深深觉得，当初选择利落又柔和飘逸的绑脚裤作为上台的服装，还真是有创意。

现今流行服饰充斥街头橱窗，让E世代的年轻女性拥有更多美丽自己、宠爱自己的选择。不过有些女性却只知盲目追求流行，不仅对自己的身材特质了解不深，又欠缺服装搭配技巧，非但显现不出自己的特色，且未能达到遮瑕补短的效果，反而暴露出自己的缺陷，使原本的优点和魅力都不见了。

原本闪耀的天鹅，却因盲目追求流行、服饰穿着欠佳而成为丑小鸭，真是可惜。

有一对夫妻到美术馆看画展，其中有两幅画，画中的女模特儿都是同一人，但是左边这一幅裸女画标价一万元，右边画中穿着华丽服饰女子的画作，标价竟然高达三万元。

这个时候，先生问太太："老婆啊，你知道这两幅画的差别在哪里吗？"

太太用酸溜溜的口气回答："我知道！那一套礼服值钱啊，嗯……那套衣服值两万元哩！"

穿衣艺术，轻松舒适

我在当讲师前，也研习过服装搭配的要诀，例如，刚强、帅气的套装，会让人看起来很拘谨、古板；轻纱薄衫则会让人显得特别优雅与年轻。此外，色彩的搭配也很重要，如果穿上粉色系列，往往让人看起来面色红润；暗沉色系服饰则容易令人黯淡无光……只要仔细研究，利用服饰为自己加分一点也不难。

现在一般年轻人几乎都穿牛仔裤，牛仔裤可谓是年轻的象征，然而许多年长的人也爱穿，仿佛可以借由穿着牛仔裤，回到年轻欢乐的时光。但是在办公场合或是一些重要的会议上穿着牛仔裤，可能就显得不够专业、不够稳重。

穿着得视场合而有所选择，像是我所带领的身心灵成长研习营，会穿插一些活动，参加的学员便需穿着轻便的裤装，一方面便于活动，一方面也可让学员保持放松的心情。

服装有时又是塑造形象的最佳利器，最令人印象深刻的，要算是慈济基金会的师兄师姐们，一袭深蓝色的制服，既庄严又庄重。只要在任何场合见到蓝衣慈济人，总是有如一股和煦的春风，轻轻地吹拂每个人的心田。

偶尔，我也会替我的助理们选购合适的制服，有运动型的、居家型的，前提是以舒适、轻便为主，而且穿上制服较有整体感，整个人看起来也利落、有精神！

由于自己的体质属于燥热型，即使是低温来袭，也从来不穿厚重的大衣，最多就加穿一件薄外套。有时候，一个低温特报，助理们就披上厚厚的外套办公，我就会说，"下雪啦！"

这是因为人体质的不同，所以对于冷热的感受度有所差异。衷心感谢我的父母赐给我如此一个强健的身体，让我不惧严冬的寒冷。

众多学员中有一位是某大型成衣厂的负责人，所经手的每一套成衣，版型剪裁合身、采用纯棉布料、设计高雅大方。每回他北上拜访，总是特别赠上好几套款式大方的服装，不仅让收到礼物的人很欢喜，自愿义务帮忙宣传服饰，学员也很感谢呢！

有个小气的男人跟老婆出去逛街，老婆看到一件非常可爱的内衣，心动不已想买下来，一看价钱相当贵，就问老公："这件很漂亮吧！我想买耶！"

小气又无趣的老公泼冷水说："不要啦，价钱这么贵，反正你又没什么东西可以装！"

老婆听了气炸了，故意大声嚷嚷道："按你这么说，你更没有资格买内裤了！"

知名的服装设计师提出穿衣的三个境界，第一境界是整体的和谐，第二境界是美感的流露，第三境界是个性的展现。

所以，针对不同的场合和需求，穿着合宜又能展现自己特色的服装，那才是最具有品味与智慧的！

幽默俱乐部

丈夫在网络上看到一篇《女人的寿命比男人长》的文章后，于是问妻子："不知道为什么男人要先走一步。"

妻子好心地解释说："总得有个人留下来收拾衣服吧！"

22. 有爱的地方, 就是天堂

家, 是离天堂最近的地方。

"恐惧"是一个人一生中最大的敌人, 且最爱存附在孤独寂寞里。当一个人感到孤独, 往往找不到生命存在的价值, 也创造不出人生的意义。

为了排拒恐惧、消除孤独, 所以人类选择群居, 与他人产生联系, 其中维持联系最重要的方法就是沟通。

也就是说, 治疗寂寞的唯一方法, 就是沟通。

有个叛逆的孩子对父亲说:"爸爸, 为什么要生下我?"

这个父亲很有智慧地回答:"因为爸爸爱你, 所以才生下你啊!"

正因为如此, 上帝帮我们每个人找到最适合自己的家庭与父母。从事协谈咨询多年来, 我渐渐地发觉, 现今的父母对孩子的关爱, 不是过多, 就是不足。过多的关爱, 造成溺爱; 不足的关爱, 就是放纵。

走遍千山万水，只有家最温暖

在广播中听到一则感人的故事，一则关于亲子相处的真实故事。

有个校长接到来自警察局的电话，告知失踪近半年的女儿人在警察局，于是心急如焚地带着也是任教职的妻子赶往警局。

到了警局，夫妻俩瞧见染了一头金发、一脸沧桑憔悴、身着背心短裤的女儿，差点认不出来。直到听到女儿开口喊"爸、妈"之后，夫妻两人抱头痛哭！

这名读国二的校长女儿，成绩一直普通，学校的老师总会拿她和她两个姐姐相比："要多多向你姐姐学习"、"回家多请教姐姐"。正因为挂上"校长女儿"的身份，女孩在学校总是被师长们寄以厚望。

但小女儿回到家中，见到父母亲和姐姐们讨论功课，却连一句话也插不上嘴，总觉得自己好像不是这个家庭的一分子。

就在初二上学期结束前一周，小女儿失踪了，没有人知道她到哪里去了？校长夫妻找遍了北台湾，还是未找到小女儿！

岁月匆匆，半年过去了！

在警局，女孩哭诉在网络聊天室遇到一名二十岁的男子，因为那名男子帮了她不少忙，所以后来两人同居了。

之后，男子身上的钱花光了，竟要她从事网交，怂恿她吸食毒品。

这就是她半年来的切身遭遇，虽然很后悔，可是却不敢回家，因为校长爸爸和老师妈妈是绝对不允许有这种事情发生的。

夫妻两人听完，觉悟到自己过去的高标准，让小女儿内心产生极大的压力，决定在女儿回家后好好补偿。

只是有些伤口已溃烂，不是擦药就可痊愈；有些伤害已经造成，不是补偿就能痊愈！

幸好这个小女儿说，自己还有梦想未完成，代表她未来的人生还是充满光明与希望的。目前这个小女孩因为触法，仍在服刑中，但已深知自己的过错，并承诺将痛改前非！

许多中辍生及师长眼中的问题学生，大多数是因为无法感受到家庭的温暖、得不到父母的关爱，因此出现变调的行为。其实我们该明白，并没有所谓的"问题学生"，只有"学生问题"；同样地，没有"问题家庭"，只有"家庭问题"！

家庭处处扬笑声

亲子之间的冲突，往往都是因为缺少沟通或是沟通不良所引起的。有时候，无心脱口而出的一句话，却造成对方的伤害；或是明明很爱孩子，却往往与孩子的想法背道而驰、毫无交集。

比如，当孩子要做某一件事时，通常有百分之九十的父母会说"不可以"、"不行"、"不好"！倘若这件事不会造成孩子身体或心理上的伤害，奉劝各位为人父母者，把这些负面言语的

"不"字拿掉，多说一些正向的语词，像是"可以"、"行"、"好"的能量字眼。

让家庭里充满笑声、欢乐声，而不再是吵架声、麻将声！

撤除心墙，打开心门

眼前的社会，媒体的影响力无远弗届，可惜的是负面的报导居多。过多负面的新闻与讯息，如排山倒海般将人们的思维淹没，造成众人内心惶恐不安，心灵封闭、心墙高筑，就连呼出来的气息，都是负面而无力的！

多么羡慕这样的境界与心境："有微风的地方，就有花香；有花香的地方，就有祝福。"

当心灵不再感受到一丝的温暖，冷漠、疏离、晦涩、黑暗……这些负向能量就会在心中流窜，一点一滴地摧毁我们的内心城堡。

我曾在演讲中提到，人不是怕鬼，而是怕人。每当在会场进行两人小组活动时，几无例外，每一组伙伴都不敢互看对方的眼睛；而我总是鼓励大家，"请看着对方的眼睛，因为对方的眼睛里有个你！"

眼睛是最不会说谎的。君不见恋爱中的男女，眼神散发出爱的眼波，任谁就能一眼看出，是不容怀疑的。

为自我心灵保持温暖，"静心"是首要的条件。以下几则静心

法则, 愿与大家分享:

1. 自在地活在当下。

2. 不再患得患失。

3. 时时感恩。

4. 笑脸迎人。

5. 让事情自然发生, 不强求。

献给读者一首充满 "爱" 的小诗, 愿温暖每个人的心房:

在风中散步,

手心装满爱的种子,

信手撒落,

飘然坠落,

落在每一个孤寂的心房。

爱, 抚慰寂寞的人儿,

爱, 温暖严寒的心灵,

爱卸下心防,

爱打开心门,

爱成为真正的自己……

有爱的地方, 就是天堂

幽默俱乐部

　　老公经常每天喝得醉醺醺才回家，老婆决定要改正老公这个坏习惯。

　　万圣节那一夜，老婆穿着一件魔鬼戏服，躲在一棵大树后面，守在老公回家的路上等他。当老公走近时，老婆脸戴鬼面具、穿着魔鬼戏服、手持长剑，跳到他的面前。

　　老公吓了一跳问："你……你是谁啊？"

　　老婆装神弄鬼地回答："哈、哈！我是魔鬼！"

　　老公接着说："走，快跟我一起回去，我已经娶了你妹妹了。"

23. 懂得留白，活着才是一种享受

每一种阻力，在另一个方向都有它的转折空间。

诗哲纪伯伦的经典代表作《先知的花园》中提到：

心灵重荷着沉重的果实，

有谁来采撷和享用，

好减轻我丰足的负担，

心灵酿出岁月的醇酒，

有饥渴的人愿意饮用吗？

中国台湾的饮酒文化"划酒拳"，仔细分析还真是有趣，划拳输的人，反而可以畅饮美酒！这不正像一场人生的转盘游戏？落榜、失恋、失业、生病……这些看似人生中的苦难与挫折，有时反而是一种转机与契机。

闻名全球的英国女作家、畅销书《哈利波特》的作者罗琳女士，就是因为当年求职处处碰壁，这位失业多年的单亲妈妈，还有个嗷嗷待哺的幼儿需要照顾。在走到人生的转弯处时，罗琳将收集多年的奇幻故事整理成书，交给书商印制发行，这才促成了风靡千万人的《哈利波特》诞生。

由此可知，一时的失败并不代表世界末日。失败其实是重新检视自己、觉察自己最好的良机。

无论面临何种困难重重的险境，当你自觉已尽力了，那么便将接下来的事交给上帝吧！只要你够想要、够诚心，天地一定将有感应并予以成全！

放空，才能全新学习

过去有许多学员来学习"幽默口才训练"，我会用一则如童诗般的顺口溜，让学员注意自己的咬字、发音、吐纳气息与肢体动作："五只猴子在树上，嘲笑鳄鱼没有胆。鳄鱼来了！鳄鱼来了！吼……"

以此类推，从五只猴子念到一只猴子，这是最基本的口才学习。

若你想要利用仅仅一天、两天的课程，就让自己成为公众演说家，我只能说"那是不可能的"，因为成功绝非一步登天，而是要脚踏实地，一步一个脚印，经过成千上万次的演练而来。

还要有效率地学习，同时一次次归零、放空，重新学习，不断修正自己过去的演说模式，才能展现出最轻松自在的演讲风格！

归零、放空，放下过去所有的既知经验，像孩子一样全心吸收、全新学习，将大大提高自己的学习动机与效率!

真心体悟，贴心服务

现代都会人总是人手一杯咖啡，对于咖啡浓郁香醇的美味，简直无法抗拒。

闻名全球的咖啡连锁店"星巴克"的加拿大籍咖啡师法兰辛·波迪艾(Francine Brodeur)说了以下一段真实的工作经验，让我们体悟到一家公司的成长与茁壮，是来自许多员工的贡献，是来自贴心地对待每一位顾客。

法兰辛·波迪艾表示："偶尔会遇到顾客买了饮料之后，又折返回来。原来是顾客还没来得及享用，就把饮料打翻了。当顾客脸上流露出懊恼的表情，我会伸出援手，在对方点过同样的饮料之后，告诉他这杯公司请客。顾客听了都会很惊讶，还是说要自己付，但我们坚持不收。"

由于公司给予充分的授权，让每一位员工可以随时随地满足每一个顾客的需求，自然员工在工作上也就会更卖力了。这样的服务态度，让法兰辛感到十分自豪!

借由一杯打翻的咖啡，窥见一个全球连锁事业的成功之道，主要在于企业体训练员工懂得先将自己放空，站在客人的立场着想;如此贴心的服务，难怪即使比平价的咖啡再贵上两三倍，还是让顾客趋之若鹜、大排长龙。

留白、放空，真轻松

法国哲学家柏格森（Henri Bergson）说："眼睛，只能看到心愿意理解的事。"

绝大多数的人，每天面对世界，总是不自觉带着情绪和偏见，在还没真正认清事实前，就已经先贴上标签。

比如说，"这个我不会"、"那个我不懂"，这几句话仿佛是一道可怕的习惯大门，自以为是安全感的来源，但是一个不小心，就把自己关闭起来，和外面的世界失去联系。

心理学家肯尼斯·克利斯汀（Kenneth W.Christian）在她的著作《这辈子，只能这样吗？》谈到"工作"带给人的压力，克利斯汀说："工作就像婚姻，会让人有再苦也值得的感觉。但要是努力没人赏识、工作没人支持、成效只看盈亏，渐渐地，你会觉得自己不重要。这样的情形，就像一对失和的夫妻。"

在此，我想给对工作充满倦怠的上班族一些建言，教导大家如何对抗工作倦怠，恢复工作热情。

首先我们可以学学上帝。上帝即使忙于开天辟地、创造万物，在一个星期的第七天也要休息。而且事情通常没什么太过严重的，太阳下山，星星自然会出来，不必事事操心。

这也就是"给自己留一点时间"的观念。不见得要将每一天、每一分、每一秒都填满, 偶尔的放空、留白, 让自己喘口气, 才会轻松!

幽默俱乐部

一个又高又瘦的客人去拜访小说家赫维斯。

那个客人看赫维斯胖嘟嘟的模样, 便讥笑他说: "如果我像您这么胖的话, 我一定没有勇气活下去, 非上吊不可啊!"

赫维斯笑着回答: "如果我接受您的建议上吊的话, 一定会用您当绳子的。"

懂得留白, 活着才是一种享受

24. 没有飞不起来的气球

世间人太爱评比，评来评去、比来比去，结果比来一堆压力！

寺庙在朝夕报时或传达讯息时，多敲击钟或鼓来表示，所以"晨钟暮鼓"一词同时也隐喻有警惕、觉醒之意。唐朝诗人杜甫也题诗："欲觉闻晨钟，令人发深省。"可知"晨钟暮鼓"确有激励人心、震撼士气之作用。

圣严法师六十岁时才开始建设今日的法鼓山。他在一次专访中提到，原本自己在清凉寺一事无成，没人发现，也没人看得起；直到四十五岁，取得博士学位时，转眼间已是中年了。

圣严法师却一点也不在意，尽力奉献所学所知，经常告诉学生、弟子，不要跟人比、不要跟自己比。

跟人比，比不过人，会气馁；比过了，会骄傲。若换成跟自己比，比今年是不是比去年多赚一点、地位和身价上升或下降，真要这样比，会一年年痛苦，因为人的生命过程免不了起起落落。

圣严法师常勉励大家，往下走时，不要沮丧；往上走时，也不要兴奋,如此才会有自在的人生。

这真是自在人生的最佳格言,但是我们往往对这些人生智慧的分享置若罔闻,依然按照自己恶质的习惯与思考模式运作,让自己偏离正道。

好比有的人一颗心比玻璃还脆弱,别人一句话激一下,他的心就刺痛不堪,而将自己封闭起来,久久不愿向外跨出去。我们的心真的是玻璃做的吗? 还是它应该硬如铁石呢?

没有飞不起来的气球, 没有教不会的孩子

有些父母情绪管理不佳,生起气来会骂孩子,"你是猪啊! 你真是笨啊! "通常是愈骂孩子像猪,愈看孩子就愈像猪; 愈骂孩子笨,愈看孩子就愈是笨。而且骂孩子是猪,孩子从你而来,你自己不也成了猪? 责骂孩子笨,这笨还真是遗传于你啊!

有一个身心障碍的小朋友,父母就从来不说儿子笨,而是说: "儿子, 你好棒喔! 我以你为荣。"

这个小朋友一直被父母灌输"我好棒"的意念,从功课跟不上进度,一直到字迹工整、顺利毕业。现在这个小朋友长大了,他在某个加油站帮客人加油,每次脸上总是笑咪咪的,加上服务好,许多客人宁可排队也指名要他加油。

像这样有智慧的父母,才能教育出有自信又优秀的下一代。为人父母者,这一招千万要学起来,多多赞美孩子、鼓励孩子,孩

子会因为赞美、激励而提升自我价值与自信心。

没有飞不起来的气球，也没有教不会的孩子，只有肯用心的父母。

不止父母，只要是为人长上者，例如做长官与主管的，也要多给予部属赞美，而且是要公开的赞美，如果要批评的话，则要在私下建议。也就是人前多赞美、人后多建言，千万别人前开骂、私下安抚。

一句话使人笑，一句话使人跳

有个鱼贩，立了一个牌子，上面写着：此处出售新鲜鱼。

一位顾客走来，问："为什么要在牌子上强调新鲜呢？大家一看不就知道鱼新不新鲜了吗？"

小贩听了，觉得言之有理，就擦去"新鲜"二字。

过了一会儿，又来了一个客人，评论说："在牌子上写着'此处'，岂不是多此一举，难道你是在别处卖鱼吗？"

小贩也觉得说得有理，又抹去了"此处"二字。

后来，又来了一个客人，见牌子上写着"出售鱼"三个字，不自觉笑了起来，说："出售鱼，真有意思。不是出售，难道是送人吗？"

　　小贩听了，也觉得有点可笑，于定又擦去"出售"两字。

　　最后，有个老太太走过来，见牌子上写着一个"鱼"字，便说："你还需要写这个'鱼'字来做宣传吗！我从大老远就闻到鱼腥味了。"

　　小贩叹了一口气，把"鱼"字也给擦掉了，最后只剩下一块空牌子。

　　有一场会议里，主管对一名属下所提的企划案，写下了"无知"二字评语。倘若换作是你，将如何化解"无知"这两个字所带来的震荡？是继续困在"无知"的漩涡里，反覆翻腾、辗转纠葛，制造更多"无知"的情绪与纷乱；还是就此煞车喊停，将"无知"暂放一边，继续会议的进行？

　　一句话使人笑，一句话使人跳，由此可见言语的巧妙，是何等的重要。

　　一般人都专挑爱听的话听，对于"恶言恶语"直入人心的话，总拒绝接收。其实仔细分析，"恶语"里总能有几分对我们有益的宝藏。

　　最好的原则是：先处理好心情，才能处理好事情！

　　妻子关心地对丈夫说："老公啊，夜里你老是说梦话，不如明天我陪你去医院检查身体？"

丈夫惊讶地说："不用这么麻烦。如果医生帮我治好了这个毛病，那么我在家里连这一点点发言权都没有了！"

聪明的丈夫懂得运用幽默机智，来替自己争取发言的权益！

说话的艺术在于说好话、说得体的话、说赞美的话、说幽默智慧的言语；聆听的艺术就在听真话、听鼓励的话、听出弦外之音。

的确，活在不比较的日子里，会让自己更自在、更充实；活在不计较的氛围里，会让自己更坦然、更清明！

幽默俱乐部

有一天，阎罗王对判官说："为了奖励你跟随我大半辈子，现在你可以投胎人间，你希望做哪种人呢？"

判官很高兴地说："属下只有小小的愿望，那就是：父作高官子状元，绕家千顷尽良田；鱼池花果样样有，娇妻美妾个个贤；画梁雕栋龙凤间，仓库积聚尽金钱；天长地久人不老，富贵荣华万万年。"

阎罗王一听，怒道："人间如果有这样的好人家，我早就不干阎罗王了！哪里还轮到你去啊？"

25. 勇敢经历一切，才能超越

对自己诚实，遇上人生障碍，选择掉进"沟"里；

花时间去旅行、去见识、去思考，直到清楚明白才跳出，继续下一阶段的人生。

回忆过去踏入商场的因缘，原本我只是一名平凡的家庭主妇，为了补贴家用兼差，代买了一批牙科材料，却因为单价过高，买方拒绝付款，导致周转不灵、求助无门。

当时凭着一股热忱的傻劲，我找了一些有名的牙医，请对方买下货。皇天不负苦心人，他们被我的诚意所感动，买下所有的材料。因为有贵人的帮助，解决了当年的燃眉之急，直到多年后的今天，我和那些牙医师还常保持联络，因为有他们的仗义支援，才能解决当年的困境。

探究需求，跨越横沟

有个超级营业员的故事和大家分享。

这个从乡下来的年轻人，一脸憨厚的笑容，从前是个挨家挨户推销的业务员。

开始上班的这一天，只来了一位客人，但是年轻人还是尽忠职守，熬到了五点下班的时间。

老板问他："今天做了几笔交易啊？"

年轻人很有活力地回答："一笔。"

老板很吃惊地说："只有一笔？我们公司的营业员，一天最少可以完成十笔订单呢！"

老板又问："那你赚了多少钱？"

年轻人回答："五百万！"

老板目瞪口呆，半晌才回过神来："你……你是怎么赚到那么多钱的？"

年轻人说："早上有一位先生来买东西，我先卖给他一个小号的鱼钩，然后是中号的鱼钩，最后是大号的鱼钩。接着，卖给他小号的鱼线、中号的鱼线，最后是大号的鱼线。问他上哪儿钓鱼，他说海边。我建议他买条船，所以带他到港口，卖给他一艘帆船。然后他说他的汽车可能拖不动这么大的船。于是我带他去汽车销售区，卖给他一辆国产新款豪华型房车。"

老板难以置信地问："那个客人仅仅来买个鱼钩，你就能卖给他这么多东西？"

年轻人回答:"他是来帮他妻子拿修改好的洋装,这个星期六他妻子参加同学会要穿的。我只告诉他:这下你的周末没搞头了,干嘛不去钓鱼呢?"

由原本一件修改的洋装,可以延伸到鱼钩、鱼线、帆船、房车的交易,这个年轻营业员的成功,不仅是因为他懂得跨越自己的设限与鸿沟,更因为他跨越了顾客心中的那道界限!

快乐来自穿越的勇气

现代的社会有"三票"和"三多",所谓"三票"就是钞票、选票、股票;"三多"则是指多事、多愁、多病!

前者,几乎是人人不嫌多的;而后者,则是大家避之唯恐不及的。

生命的巨轮不停地运转,举凡生老病死、喜怒哀乐、爱恨情仇、悲欢离合,人生就在这十六个字中转换!

因为演讲的机缘,结识了许多生命中的勇士与贵人,其中之一是台东县长鄺丽贞小姐。原本她只是一名对政治陌生的平凡普通女性,经过一场选举的洗礼,从惶恐中激发出勇气,从不安中蜕变出自信,就好像一只破茧而出的彩蝶,翩然飞舞在美丽的台东纵谷,为信任她、看重她的选民谋福利。

"快乐,来自于穿越的勇气、积极的改变与真诚的付出!"这是鄺县长给予大家的衷心鼓励,也是最佳的成功建言!

深深一鞠躬，轻松下台

许多人总留恋、不舍舞台上的掌声，走过二千多场演讲会场的我，也渐渐地心生退休的念头，原因有二：现代的年轻讲师辈出，愿将舞台空出，让新人尽情发挥；而热爱写作的我，更珍惜这人生难得的岁月，专心写稿，用轻松文字与幽默故事延续教育人心的善业。

年初刚成立的"幽默俱乐部"，也是"幽默"课程的永续公开传授，欢迎爱成长、喜欢幽默的快乐人士共同参与！

借由本书，献给大家二十五颗轻松欢乐的"轻松丸"，帮助大家打通笑脾，开心地享受这美好人生，体验身心灵喜悦之旅！

幽默俱乐部

老板开会时，一而再地谈论着要"提升绩效"，当他第三次忘记自己讲到哪里时，老板停下来摸着脑袋问道："我讲到哪里了？"

当众人都在发愣时，公司的小妹大声喊着："老板，你说到'结论'了！"

附录
身心灵都放下的私房秘诀

1. 轻松断食，让身心回归自然

记忆与回味，

是食物最佳的调味品。

长久以来，品尝美食是我的最爱，看着厨师认真地准备餐点，仿佛在创作一件精致的艺术品，从欣赏到入口，不得不竖起大拇指说一声"赞"！

有一则关于团圆饭的台语笑话跟大家分享：

一家人在吃团圆饭，大老婆说："呷鸡呷鸡，呷鸡最好，一个尪一个某。"

小老婆听了就说："呷鱼呷鱼，呷鱼最好，有大某也有细姨。"

这时老公连忙说："呷菜呷菜，呷菜最好，两个我都爱。"

婆婆也出来打圆场："呷竹笋呷竹笋，呷竹笋最好，大家都要忍。"

后来换公公开口了："饮酒饮酒，饮酒最好，永永久久。"

饮食没负担，轻松又健康

"饮食"实在是一门大学问，不但要吃得营养，还要吃得健康，让身体没有负担，养生又长寿。

这几年受欧阳英老师之邀，带领断食营的身心灵讲座，因为身体要照顾，心灵更要爱护。

断食，即在一段时间内，只饮用蔬果汁，让消化系统、肝脏及其他器官得以休息。断食之重要，在于现代食物愈来愈偏离大自然的法则，许多非当季的蔬果也在市面上贩售，其中的添加物、防腐剂，对人体的危害实在可怕！

一批批参加断食营的学员，喝下特制的精力汤，调整体质、排出毒素，便能让体能回复最佳状态。

断食并不是现代人的新鲜玩意，古人也会"辟谷"，辟谷也称断谷、绝谷、休粮、却粒，是指不食五谷而生，可知古代人为求益寿长生，早已懂得断食。

饮食二十招，健康吃没烦恼

现代人谈"癌"色变，八里疗养院叶香兰营养师用心归纳出"防癌饮食二十招"，提供大家好好参考：

1. 饮食来源要多种、多样。
2. 少吃花生类食品，以减少黄曲霉素危害。

3. 不以高温烹调食物，建议改用氽烫并加盖，以减少油烟。

4. 正确装置抽油烟机，避免油烟伤身。

5. 烤肉时，可搭配维生素C、E或β胡萝卜素高的食物，如烤蔬菜。

6. 不吃焦黑的烤肉。

7. 少吃腌渍、发酵类食物，如咸鱼、豆豉、酸菜、梅干菜等。

8. 勿食颜色过于鲜艳的食品或零食。

9. 选择密封及冷藏的鱼丸或豆类制品。

10. 煮金针前，多浸泡清洗，以减少添加物。

11. 用水煮、清蒸或微波来烹调香肠，能减少生成亚硝胺。

12. 吃肉类制品时，不喝优酪乳。因为亚硝酸盐和乳酸、胺类混吃，会增加致癌危险。

13. 选购冷藏肉品时，应选择有CAS认证、有品牌的产品。

14. 清洗蔬菜时应先浸后冲。

15. 多吃高纤维食物，纤维有助排出毒物。

16. 少吃高脂肪的食物及内脏，因为毒物多储存于内脏。

17. 少吃大型鱼，可以避免汞污染。

18. 吃当季蔬果。因非当季生产的蔬果，需更多药物催生或防虫。

19. 不用一次性餐具盛装热食，避免释出微量环境荷尔蒙（内分泌干扰物）。

20. 少用塑胶类制品微波食物，避免环境荷尔蒙溶出。

有个破产的人很无奈地自嘲："有钱对我来说，也没什么差别；一个人一天的花费，不过就那么多。难道有钱的人一天吃两顿午餐吗？"

这句话是否一语点破不少大老板们的心声？仔细想想，不只大老板，许多人有时还不只吃上两次午餐。台湾的商场文化，总是以"吃"来做感情的联系与商务的推广，这一摊聚餐还未结束，又匆匆忙忙地赶赴下一摊餐会，甚至还有下下一摊。

这样的饮食文化带来的是"三多"文明病，即多油、多脂肪、多热量，身体如何负荷得了这般摧残？所以现代人患有糖尿病、高血压的比例持续攀升，成了全民保健的一大负担！

轻松断食，让身心回归自然

酒是穿肠毒药，

色是刮骨钢刀，

财是惹祸根苗，

气是下山虎豹。

酒色财气无论四者其一，一旦招惹上身，想要甩掉它，还真是不容易呢！

谈到吃，有个关于食人族的笑话，和大家分享：

食人族的族长和儿子外出找寻猎物，两人躲在草丛里等候。不久，走来一个瘦小子。

族长儿子问："爸爸，这个怎么样？"

族长回答："噢……不，这小子太瘦，吃起来没味道！"

后来，有一个胖子经过。族长儿子又问："爸爸，这个胖子如何？"

族长想了想说："嗯……这个人肥，吃了胆固醇会升高！"

最后，来了一位身材婀娜多姿的美少女。儿子再问："爸爸，那这个美少女呢？"

族长兴奋地说："太棒了，我们把这美女捉回家，然后把你妈妈煮来吃！"

另外有个菜鸟推销员的趣事，也是非常有意思！

有个新手推销员第一次去拜访客户，为了和客户联络感情、拉近彼此的距离，于是笑着说："请您先猜猜看我姓什么？给您一个提示，是常吃的东西喔！"

这个客户听了，也觉得很有趣，于是开始把与姓氏相关的食物，像是米、范、蔡、麦等，全都猜了一遍。

推销员摇摇头，请对方再继续猜。于是这个客户又开始猜："牛、马、杨、朱……"还是不对。

最后这个客户失去了耐心，要推销员告诉他答案。

只见推销员嘻皮笑脸地说："现在宣布答案，我姓……史！"

瞬间，这个不知轻重的推销员给一脚踢到墙外去了！

回归正传，既然身体能运用断食的方法保持健康，那么我们的心灵也应该可以利用断食，亦即转化、移转，清除一些有害心灵成长的毒素。

断食是为养生，然而养生有其五难，其一为名利不去，其二喜怒不除，其三声色不去，其四滋味不绝，其五神虑精散。古人在《千金翼方》中说到善养生者，须除此五难、节制情欲，才得延年益寿、健康欢乐！

民以食为天，饮食养生竟可与心灵保健相互关联，看来饮食的学问，可真值得好好探究一番！

幽默俱乐部

有一天，美美到了一家牛肉面店点了一碗牛肉面，吃了几口说："老板，你的牛肉面里怎么没有牛肉啊？"

刚好老板这天心情不好，于是回答："牛肉面里一定要有牛肉吗？那太阳饼里真的有太阳吗？"

2. 脚底按摩，降低压力荷尔蒙

按摩是借由一紧一松的收放原理，

使人消除疲劳、身体健康。

生活上，何尝不是如此？

脚底是身体最敏锐、也最能反映身体各个部位器官良窳的地方。脚底布满许多穴道和经络，就像能量的运输网络，影响全身器官和生理系统。

早在远古时代的埃及壁画上、古印度的绘画上与中国的《黄帝内经》中，就有着关于足部按摩的文献记载。原来古人比起现代人更懂得享受、更懂得让自己放松。

常为我服务的脚底按摩师父已有十多年的按摩经验，很欣赏他工作时认真严谨、稳重专注的神态，以及拥有一颗"放下身段"的心。

这位脚底按摩师每每按摩时，厚实的手掌力道拿捏得宜，让我每个穴位、筋脉、关节的受力程度恰到好处，减一分太轻、增一分则太重，那是经由岁月历练所累积的丰富实力，谁说按摩不是一项真本事哩！

过去,也曾试着介绍几个朋友向脚底按摩师父学习按摩的功夫,没想有几位仁兄姿态甚高,主观地认为摸他人的"脚丫子",有损男人的尊严。

其实,世上没有卑微的工作,只有卑微的工作态度;工作本无贵贱之分,更何况脚底按摩的工作,是帮助人消除疲劳、恢复健康,也算是助人事业。

据我的观察,按摩可说是一种给予和付出的工作,因为按摩师用最专业的按摩手法、最热诚的心为客户服务,是一种值得尊敬的奉献与付出。

按摩好处多

科学家们也发现,按摩可减低对人体有害的压力荷尔蒙(Stress hormones),并有助于分泌转化情绪的脑化学素;按摩十五分钟后,轻松度和警觉度同时提高。

简单的足部按摩,借着反复刺激身体的末梢神经,可加强器官本身的自愈力。

按摩是借由一紧一松的收放原理,达到促进血液循环及新陈代谢的功效。而按摩的深度、时间、频率、手法等,通常因人而异。

根据研究显示,按摩的效益有下列各项:

1. 可改善血液循环和淋巴流动。血液供应身体养分和氧气,淋巴运走废物和毒素，可强化体内环保，加速新陈代谢。

2. 按摩可加速损伤器官的痊愈，是帮助伤后复元复健的重要因素。

3. 可松弛紧张的肌肉，增强肌肉的力度与弹性，活动关节周围的结缔组织，减轻僵硬度。

4. 按摩能加速排除身体的压力。

按摩传情意

夫妻相处是一门大学问，不可否认的是：要有好老婆，必先做个好丈夫。同样地，女人要当皇后，就得先将丈夫当国王对待！

这"好老公十大守则"送给天底下的有缘夫妻，其中第七项按摩搥背，更是夫妻维系幸福婚姻的要诀之一！想拥有幸福婚姻的你，可别吝于对另一半伸出充满"爱"的能量双手，藉由肌肤的亲密接触，将"爱"的意念与念波传给对方，婚姻才能长长久久！

【好老公十大守则】

1. 老婆用餐时要随侍一旁，舀汤盛饭。

2. 老婆化妆时要快乐等侯，衷心赞美。

3. 老婆穿衣时要帮忙烫衣，提供建议。

4. 老婆洗澡时要量好水温，抓痒擦背。

5. 老婆上班时要勤于接送，保镖护卫。

6. 老婆危险时要奋不顾身，慷慨牺牲。

7. 老婆疲累时要笑脸相迎，按摩捶背。

8. 老婆血拼时要慷慨付款，绝不手软。

9. 老婆上菜时要赞不绝口，多吃几碗。

10. 老婆睡觉时要炎夏冷气，寒冬暖被。

与身体对话

　　双脚承受身体所有的重量，所以要好好保护与保养双脚。尤其是工作上需要长时间站立者，像是护士、老师或柜台小姐，由于长时间站着，即使穿着让血液循环流畅的弹性袜，双脚还是不免会肿胀、酸痛。建议大家除了借助按摩来消除疲劳，也要这么说："脚啊！谢谢你，陪伴我一整天，现在请你好好休息啰！"

　　像这样与双脚对话，也可以运用在身体各个部位。在身心灵成长研习营中，有一个单元就是"身体对话"，引导学员们感谢身体、呵护身体；这个与每个人整天朝夕相伴的亲密爱人，若是不好好与她相处，难保有一天她不会向你抗议，提出罢工的要求！

脚底按摩，降低压力荷尔蒙

　　有只猫咪很厉害，被训练得会帮主人按摩。

　　有一回，一位客人来家里，猫咪还说人话请客人坐。

　　客人一听，惊讶地大叫。

　　猫咪赶紧捂住客人的嘴说："你别嚷嚷啊！主人要是知道我会说人话，那以后家里的电话都要我去接了！"

3. 开启脉轮，让身心安顿

当我们身上的七脉轮开启并平衡运作时，

自然体力持久、思路清晰，

灵感源源不绝。

　　有位德国的作曲家，利用西藏的声钵所敲击出来的声音，编成心灵音乐。钵是一种很特殊的乐器，所敲奏出来的音符，仿佛天籁一般清脆悦耳，可以感动我们的内心。很多朋友听了这心灵音乐都爱不释手，一再播放；它能够开启人体的七个脉轮，启发我们的智慧与能量。

　　我们身上的七个脉轮，从下而上分别是海底轮、丹田轮、胃轮、心轮、喉轮、眉心轮和头顶轮。这七个脉轮和身心灵息息相关、互相影响，也是身体能量的交会点。当承受压力时，将造成脉轮关闭，因此会形成能量不足或能量阻塞的状态，如果长时期处于能量失衡状态下，就会有疾病产生。

　　每一个脉轮所管理或掌控的问题皆不相同，但却相容，例如第一轮海底轮所操控的是攸关我们生存、性、物质世界的问题；

第二轮丹田轮是情绪的处理，任何情绪的起伏波动都与它有关；第三轮胃轮掌控的是力量与自我；第四轮心轮，有关爱与信任，一般而言，大多数人都在此受到创伤；第五轮喉轮，处理沟通与创造力；第六轮眉心轮，为有关直觉的问题；第七轮头顶轮，代表纯粹的宇宙意识，也就是和上天的联系。

开启七脉轮，使它们平衡运作是非常重要的，这也是许多学员希望学习心轮静心舞最大的原因。当一个人身上的七脉轮开启并平衡运作时，可体验到灵感源源不绝、体力持久、思路清晰等美妙感受。

我很喜爱一种"心轮静心舞"，那是在原本的舞蹈之中，强化自己与天地的联系，使自我更和谐圆融。

现在许多公司早会也会带领一段"心轮静心舞"，除了伸展肢体，还可达到静心的效益，更可借以开启七脉轮，有助于业务同仁安定身心、开启智慧与能量，信心具足地去拜访客户，创造更好的业绩。

静心舞动，身心安定

心轮静心舞的动作相当简单，跟着音乐的第一声击钵声响起，首先从身体的中心开始，将双手置于心窝，右手往前推，然后再回到心窝，同样的动作，接着左手往前推，再拉回，脚与手同方向踏并，身体很自然的摆动；接下来手往左右两边推出去，往身后、往上、往下。利用这个简单又重复的动作，帮助身体放松的伸展，往前、往旁边、往后、往上、往下，几乎每个关节都运动到了，有时还会发出"嘎、嘎"的声音。

在做心轮静心舞的同时，请轻轻闭上眼睛，想像自己置身在一处宽广的绿色森林中，享受着芬多精的洗礼；或是身处海边，感受海风阵阵迎面吹来，仿佛听见海浪的声音，波涛汹涌、潮起潮落。这所行的冥想，是内在心灵的投射与想像，让我们身体放松、心情愉悦、身心自在安定。

每当学员全心投入舞动心轮静心舞时，我发现，即使是第一次跳舞的人，不论男或女，都可以跳得十分优雅。这是因为用心在舞动中，心静了，肢体柔软了，舞姿当然也跟着沉静柔美起来。

不同于其他的舞蹈，心轮静心舞以缓慢、沉静取胜，在慢与静的律动中，观照自己每一个手势与舞步，是非常庄严和慎重的；就像人生，每跨出一步都必须小心、谨慎。用这种专注的心态来舞动，神情是非常宁静柔和的，因为这就是用心。

在舞动的当中，会稍微出汗，因此能促进身体的新陈代谢，把体内的废弃物和毒素排出，也能让心情放松、心门敞开；心轮静心舞的确是一种让心安定下来的舞蹈，在静心之中，看见自己、看见明白，让自己与天地做美好的联系，因为这段舞蹈已然开启七个脉轮。

有些学员跳着跳着，竟流出了感动的泪水，那是由于一向坚硬的心，因为肢体的舞动而柔软了；由于内心柔软，感受到自己是被爱保护、被爱包围的，于是内心的甘露水汩汩流出，不仅洗涤清澈的双眼，更洗涤了禁锢已久的心灵；因为心轮静心舞的舞动，找回了最初的自己。

这是特别为了这支舞蹈做的小诗，请大家一起来欣赏：

> 回到最初的自己，
>
> 与心做联系，
>
> 是一种感动。
>
> 唤醒沉睡的心灵，
>
> 聆听内在的声音，
>
> 踏出舞动的步履，
>
> 这一刻感受到天地的律动，
>
> 和真实的自己一起撼动……

以下是几位学员的心得分享：

淑珍：跳完心轮静心舞，让我多年的腰背痛症状减轻了不少，真的很棒！

惠美：每次闭上眼睛，慢慢舞动身体，就可让自己的心沉淀下来。

雅婷：虽然节奏很缓慢，但是在慢之中蕴藏一种很深层的律动，对新世代来说，是一种很特别的体验。

千惠：幻想自己在蒙古大草原上，让身体跟着音乐自然摆动，心情也跟着自在起来！

美丽：从来不知道跳舞也能给自己带来这么多的喜悦与满足！

音乐正是平抚心灵最好的良药。这首曲子即使在平时也可随时聆听，为我们带来静心的作用。工作的时候听更棒，它可以让心静下来，和顾客沟通时不疾不徐，让对方享受到我们的真诚与诚恳而顺利签下订单；静态文书工作者，则能更从容地注意细节，减少失误可能，增加工作效率。

幽默俱乐部

　　一对情侣在吵架，男的很生气地说："你以为你是一朵鲜花呀？"

　　女的反问："你以为你是一坨牛粪呀？"

　　男的听了，噗嗤一笑说："牛粪要邀请鲜花去跳舞啰！"

4. 肢体放轻松，心灵就跟着轻松

> 罗巴说："每个人都需要一点点疯狂，不然他
> 永远不敢割断绳索，放自己自由。"

我常说"人生是要来享受的"，享受什么呢？当然是享受轻松快乐啰！毕竟人生短暂，快乐都来不及了，哪有力气与时间悲伤呢？这是因为我体内血液里流的是"幽默DNA"！我做得到，相信你也一定做得到，只要多学习如何跟别人交换、分享快乐，幽默DNA就会在心中、在血液里愈聚愈多！

所谓的快乐，其实就是要懂得放下、学会欣赏并且与他人分享。

拥有一颗快乐的心，表现在外的肢体是轻松的、放松的；相反地，一颗忧郁的心，外在的肢体是僵硬的、放不开的！

让肢体放轻松的方法，有瑜伽、舞蹈、运动、跑步、球类、气功、走路等，只要找出自己最喜欢的，然后持续地、有毅力地去做，即可帮助自己身心放松。

有的人会说："我不喜欢这个，宁可要压力！"

试着花一些时间找出兴趣、培养嗜好，专注在一件喜欢的事情上，会让紧绷的心灵放松、得到释放。

气功是极好的放松运动。我所景仰的梅门养生大师李凤山先生，其所推广的梅门气功近年来广为流传，不仅老年人、上班族，甚至小孩子都乐于参与其中。大家一起练习正统气功，充分享受在一举手一投足之间那种静时心如止水、动时又行云流水般的自在洒脱，真是令人感到身心无比舒畅。

又以个人为例，我对于园艺一直乐在其中，不管演讲结束回家的时间有多晚，总会到露台去亲近花草，做个身心灵的SPA，洗涤一天的疲惫，同时也为明天储备精力与元气。

亲近花草的人，总是怀着一颗柔软的心，心变柔软了，身体当然也就放松了，这样身心灵皆在柔软的状态之下，连带着灵性的层次也提升了。

全身松弛法

分享一个可自行练习让身体完全松弛的方法。

不论坐着或躺下皆可，选一个让自己最舒服的方式，轻声地说：

"现在要开始让全身松弛啰！让脸上的肌肉放松好好休息，不要皱眉头，就连皱纹也抚平了；再来颈部、肩膀也不僵硬了，手臂、手肘，甚至连手指头也放松啰！"

再来做个深呼吸，消除胸部的紧张；慢慢地来到腹部，让腹部的肌肉也来个彻底大放松；再来到背部的脊椎，这个支撑身体的最大功臣，感谢它的支持，也让背部的肌肉放轻松。

现在顺着我们的腰，轻轻摆动一下，把紧张感全摇走；然后定我们的臀部、大腿和膝盖，慢慢松懈下来；再到小腿、脚踝、脚趾……就这样让身体每一寸肌肉都放松，变得不再紧张、僵硬啰！

身、心、灵是一体的，不仅密不可分，更无法切割。有许多人一直挂碍自己身体上的病痛，却从来不关心自己最重要的一颗"心"，根据心理学理论，许多身体上的病痛其实是心理上的呼求，它是在呼求帮助、呼求爱！

若能从心检视，你将会发现内在平安、静心的人，绝对很少生病。像我就是一个很好的见证，几乎没生病过，就连小感冒也没有，有时还爱开玩笑说：看别人生病都很羡慕唷！

那是因为我有一颗快乐开朗的心，连带地身体也健康起来。

助理问："赖老师，为什么你昨天晚上演讲回来都凌晨了，今天早上还可以五点钟就起床，而且精神还这么好？"

对啦！这就是我，因为内心轻松自在，同样地，身体健康有活力！

美学大师蒋勋先生在其著作《天地有大美》的序文中提到：

"不经意听到电视里政客的叫嚣，忽然觉得胸口被尖锐的玻璃刺伤，一阵剧痛。声音可以是母亲的手，如此温暖宽厚；声音也可以是最锐利的狼牙，残酷噬咬最柔软的心灵。声音或许是一种修行！尝试把自己的声音修行成一朵花。这朵花要开在众人走过的路边，有人看到，停下来，看到花的美丽，便觉得生命如此珍贵。"

像这样用轻松自在的心，来对声音做修行，着实教人感动啊！

乐活生活，怡然自得

德国科学家发现，唱歌有助于提高免疫力，更可启动人类的情绪，使其维持在轻松愉悦的状态下。过去许多伟大的作曲家，赋予音乐生命的灵魂，那些动人的乐章，透过专业的乐团诠释演出，至今这些经过千古传颂的经典乐曲，依然能撼动与抚慰人心。

除了唱歌，走路也是一种放松身心的好方法。身体的律动因走动而渐趋平衡，呼吸也变得有规律了，再加上眼睛视野的开阔，心灵的视野也能跟着拓展延长。

为推广健康概念并支持家庭互动、社会价值与国家形象，被称为"亚洲飞跃羚羊"的纪政小姐也推动"每日一万步，健康有保固"的健走活动，可见走路保健康的功效已被广为肯定。医学研究也证实，如果每天健走五千步，可以消除腰酸背痛，同时预防心血管疾病。

圣严法师也说："走路即是环保，走路即是健康，走路即是修行。"他们都体认并推行"鼓励走路当作礼物"的活动，让自己健康动起来。

国泰医院物理治疗师简文仁先生，每天也谨守"大步走、多蔬果、少发火"的养身原则，同时也注重心理健康，强调要少发火，谨守随缘、认命、知性的原则，保持心平气和。

今日的西方国家正风行一种名为"乐活"（LOHAS）的生活方式，它是一种健康、持久的生活方式（lifestyles of health and sustainability），其宗旨在于：吃得健康、穿得简单、关心他人、热爱自然、追求心灵成长，减少浪费及污染。我再特别加上一项，"放轻松"，当肢体放轻松，自然心情也跟着飞扬起来。

有以上如此多的名人推荐背书，千万不可再找理由与借口，推说自己没时间啰！

肢体放轻松，心灵就跟着轻松

幽默俱乐部

　　沙漠中有个旅人，在炎热的太阳底下走了大半天，口渴极了！此时，遇到一名推销员，大力推销他买领带。

　　旅人说："我热得都想打赤膊了，还买什么鬼领带！"那名推销员自讨没趣地走开了。

　　后来这个可怜的旅人总算在沙漠边上的一处小镇，找到了一家小酒吧，他迫不及待地要冲进去，对门口的侍者说："快给我喝的吧！"

　　侍者很有礼貌地说，"对不起，先生，我们酒吧有规定，不打领带者是不准进入的！"

5. 快乐跳舞抗老化

舞者弯下柔软的腰谢幕，

对舞台下的观众，对天地苍生，

也对未来的自己，深深地一鞠躬！

我曾经观赏过世界经典级的踢踏舞表演，这个舞团在全球四大洲、三十个国家、二百五十个剧院，共演出八千场，总共有一千八百万人次观赏过。它的广告词是这样写的："气势磅礴的踢踏舞，撞击听觉神经的现场乐团！"

让人赞叹、澎湃感动、来自爱尔兰的大河之舞，融合美式黑人踢踏舞、热情狂野的西班牙佛朗明哥舞蹈；再加上舞者的轻声低吟或是高亢之音，这一幅舞动与音韵的结合，征服所有人的心，那是感动、是震撼，是心底的回荡。

亲临现场目睹体验，除了佩服舞者努力不辍的练习及团队合作的默契，更折服于他们收放自如的精湛舞艺。这些舞者仿佛是一个个散播欢乐的小精灵，一个抬头、一个旋转，让台下的观众感染愉悦的气氛，忍不住也想站起来，跟着摆臀扭腰。

舞蹈真是一种至高的艺术表演境界，有时一个眼神的流转，一举手一投足，都是经过千百次不气馁的练习，才能一次比一次更完美、一回比一回更趋纯熟！

同为讲师的朋友戴晨志老师，自从欣赏过踢踏舞精彩的演出，竟也跃跃欲试，报名学习踢踏舞，不过经过一堂舞蹈课下来，双腿酸痛，有好几天连路都没办法走，后来打消了继续练舞的念头。

每一个人都有与生俱来的特殊天赋，若是肯埋头苦练，必定能有更亮眼的成绩，举世闻名的踢踏舞者如是；长年耕耘、已在演讲界与出版界占有一席之地的戴老师，也是如此呀！

舞动人生，活力一生

在人生的旅途上，你的步伐是轻盈愉悦，还是蹒跚沉重？看看童稚的小朋友兴高采烈的跑跳，那是对生命勇往直前、对未来充满希望的前进步伐，是活力的展现！

有个医生能从病人的脚步声，判断这个病人病情的轻重，因为双脚需承受身体的全部重量，生病的人多半四肢无力，双腿使不上力，脚步当然也就沉重蹒跚了。由于接受过专业的咨商训练，我可以轻易解读一个人的肢体语言，得知对方的情绪是僵硬或是放松。

许多主管阶级，对上要承受上级老板的命令，对下得督促手下积极行事，夹在上下两层之间，简直成了夹心饼干，偶尔一个指令传达得不明确，或是表达得不得体，往往引来一场无端的误会，所以时常处在情绪压力锅中。

在这个时候，我会请他们站起来，动一动，舒展肢体，来一段"心轮静心舞"，让自己的心平静下来；或是想想一些有趣的幽默故事或笑话，让自己的身心灵从疲惫纷扰的人事中抽离，达到静心的境界。

"舞动"也是最佳的健身之道。有个学员的母亲已上了年纪，但由于她是舞蹈老师，长年练舞、教舞，因此体态轻盈、肢体优美，外表看起来比实际的年纪还年轻二十岁。可知"舞动"就是最好的保养品，不仅能保养外在，也保健心灵。

花相争艳繁似锦

云化作雨净无暇

舞者之行舞

如肢体音符跳动

快节奏地舞动，可以训练肢体的和谐感与韵律感；相反地，放慢节奏的速度，则可舒缓肢体的紧张与心中的压力。

瞧！人生和舞蹈多么相似，有时得加快脚步，有时候却要放慢速度；快慢之间的拿捏，又非得抓准不可，若是该快的时候反而慢吞吞，或该放慢的时候又过于急迫，那可就乱了谱，全盘皆错了！

尽情跑跳、尽情舞动吧！欢腾的脚步可为摇摆不定的生命指引出坚定不移的人生方向，挖掘出源源不绝的幸福源头。鼓励大家用舞动的精神，作为人生旅程中的心灵罗盘，让自己永远活在超越生命极限的感动中。

知见舞蹈，信任的力量

在身心灵研习营中，也有一堂"知见舞蹈"的活动。通常，我会请大家随着音乐随意摆动身体，不设定任何动作。

刚开始，有部分学员肢体显得很僵硬，非常不自然地摆动。但是在逐步引导下，"将自己想像成是一朵白云，一朵轻飘飘、软绵绵的白云，让自己像柔软的白云在天空飘呀飘……"

一股全然接受、全然信任与全然释放的力量被引导而出，最初肢体仿佛被捆绑、放不开的学员，一个个好像开窍了一般，不仅柔软的身体舞出了生命的律动，脸上的线条也变柔和了。

我能感受到，学员的心必然也变得更柔软、更宽广了！

生命律动，大爱传承

不久前，有一出关于舞蹈的电影，片名是《舞动人生》，该片的导演史蒂芬·戴尔卓（Stephen Daldry）运镜纯熟极致，他运用隐喻的方式，带出丰富传神的跳舞镜头，像是小男孩在大街上奋力跳动、使劲踏击街道、双手快速拍击铁栏杆……仿佛奏出活泼的生命律动。

剧中的主角——小男孩比利，从基本的原地转圈开始练习芭蕾舞，甚至在狭窄的浴室里，也不停地练习着、旋转着……导演运用了这么多的转圈、跳跃的镜头，主要在影射：我们的生活就是不断地绕圈圈，不断地想跳出框架，不断地想超越自己。

纽约影评人以"贴近生命，舞动人生是如此美妙"，给予这部片子极高的评价。其实影片还从生命中最底层，去思考"真、善、美"，并以之解读人生，阐述"人生因有梦而伟大"、"爱是无可替代"。

的确，因为热爱舞蹈的心，让舞者舞出最感人的跃动，不仅牵动观舞的我们，也让心的律动更加深层而厚实！

幽默俱乐部

有个马戏团的老板上街，看见路边有只鸭子正在锅子上大跳踢踏舞。

马戏团老板见了大为震惊，花了一万元向鸭子的主人买下了它。

第二天，马戏团老板很生气地找到鸭子的主人，大叫说："为什么鸭子不肯跳踢踏舞？"

只见鸭子的主人从容地说："请问你有在锅子底下点火吗？"

选择放下，
就能活在当下